控制工程基础

（第二版）

张尚才　主　编

ZHEJIANG UNIVERSITY PRESS

浙江大学出版社

内容提要

本书主要介绍单输入、单输出线性定常控制系统的基本概念、基本原理以及基本的分析方法和综合方法。全书内容包括控制系统的一般概念、物理系统的数学模型、时间响应分析、根轨迹分析、频率响应分析以及控制系统的校正等。每章附有习题。另外,在附录中还编入了拉氏变换。

本书为机械工程类专业本科学生学习"控制工程基础"课程而编写,它也可供非控制类的其他专业师生和有关工程技术人员参考。

图书在版编目（CIP）数据

控制工程基础 / 张尚才主编. —2 版. —杭州:
浙江大学出版社,2012.6(2019.7 重印)
　ISBN 978-7-308-10081-6

　Ⅰ. ①控… Ⅱ. ①张… Ⅲ. ①自动控制理论－高等学
校－教材　Ⅳ.①TP13

　中国版本图书馆 CIP 数据核字（2012）第 130751 号

控制工程基础（第二版）

张尚才　主编

责任编辑	杜希武
封面设计	刘依群
出版发行	浙江大学出版社
	（杭州市天目山路 148 号　邮政编码 310007）
	（网址:http://www.zjupress.com）
排　　版	杭州中大图文设计有限公司
印　　刷	嘉兴华源印刷厂
开　　本	710mm×1000mm　1/16
印　　张	15.5
字　　数	261 千
版 印 次	2012 年 6 月第 2 版　2019 年 7 月第 21 次印刷
书　　号	ISBN 978-7-308-10081-6
定　　价	49.00 元

前　　言

　　本书是为高等院校机械工程类专业本科学生学习"控制工程基础"课程而编写的教材。它也可供其他非控制类专业学生学习控制理论使用。

　　"控制工程基础"课程是一门技术基础课。因此本教材主要阐述经典控制理论的有关基本概念、基本原理以及基本分析方法和综合方法，为后续课程运用控制理论提供基础知识。

　　本书共分九章，第一、第二、第三章是全书的基础，第四、第五、第六章介绍控制系统快速性、稳定性和精确性的时间响应分析。这六章覆盖了系统分析所涉及的基本问题。第七章和第八章分别介绍分析系统的根轨迹法和频率响应法。第七章内容比较简要，而且相对独立，可根据学时情况取舍。第八章篇幅较大，并且和第九章内容相关。第九章讨论系统的综合问题，主要介绍应用频率响应法对系统的校正。考虑到有些学校在数学课程中没有讲授积分变换，故将拉氏变换的有关内容作为附录。本书每章附有两种类型的习题。其中巩固型习题主要起巩固课程基本内容的作用，提高型习题则相对有较大的难度。授课教师可根据因材施教的原则进行选择。本书全部内容讲授约需 60 学时，但教材体系能适应多种学时的教学需要。

　　本书是在浙江大学 1988 年为机械制造工艺与设备专业和机械设计与制造专业编写的《控制工程基础》讲义基础上编写的。该讲义在 1984 年讲义的基础上曾作过两次修改。

　　本教材由浙江大学张尚才主编。参加编写工作的还有曹永上（上海工程技术大学）、吴祖育（上海交通大学）、汪克智（浙江工学院）、刘艳斌（福州大学）、周锦国（洛阳工学院）、郑佑濂（广东工学院）和张禾英（浙江大学）等。浙江大学机械系对本书的出版给予了大力的支持，在此表示衷心的感谢。

　　由于编者水平所限，书中疏漏错误在所难免，竭诚欢迎批评指正。

编　者

1990 年 10 月于杭州

目　　录

第一章 概　　论

第一节　自动控制发展的简况

在科学技术发展进程中,自动控制起着重要的作用。据说,在公元前的大约 300 年期间,希腊就运用反馈控制原理设计了浮子调节器,并应用于水钟和油灯中。早在 1000 多年以前,我国也先后发明了铜壶滴漏计时器、指南车以及多种天文仪器。这些控制装置的发明,促进了当时社会经济的发展。

首次应用于工业工程的自动控制器是瓦特(James Watt)于 1769 年发明的、用来控制蒸汽机转速的飞球控制器。苏联认为第一个具有历史性的控制系统是珀尔朱诺夫(I. Polzunov)于 1765 年发明的水位浮子调节器。

1868 年以前,自动控制系统还处于直觉制作阶段。当时,为了提高控制系统的精度,却导致系统产生剧烈的振荡甚至不稳定。这就不得不开展自动控制理论的研究。1868 年麦克恩韦(J. C. Maxwell)利用飞球控制器的微分方程模型建立了与控制理论有关的数学理论,它可由微分方程的解中是否包含增长指数函数项来判断系统的稳定性。

1877 年,罗斯(E. J. Routh)提出了一种不用求特征方程式的根的方法来判断系统的稳定性。1895 年,霍尔维茨(A. Hurwitz)也独自提出了这种方法。

第二次世界大战前后,控制理论与实践在美国、西欧和苏联、东欧以不同的方式发展。在美国主要是由波德(H. W. Bode)和奈奎斯特(H. Nyquist)等人在贝尔电话实验室(Bell Telephone Laboratories)用频率法研究电话系统和电子反馈放大器,并于 1932 年提出了奈魁斯特稳定判据和稳定裕量的概念。在苏联、控制理论这一领域则由数学家和应用力学家支配,并采用时域法进行研究。

第二次世界大战期间,由于需要设计和建造飞机自动驾驶仪,火炮定位系统,雷达天线系统以及其他军用系统,自动控制理论和实践出现了飞跃的发展。

1940年以前,在大多数场合下,控制系统的设计还是采用试凑法。在40年代期间,数学分析方法有了大发展。1945年波德提出了分析综合线性系统的图解法。1948年数学家维纳(N. Wiener)发表了著名的"控制论",形成了完整的经典控制理论。从此,控制工程以它自身的权利成为一门工程学科。

1950年埃文斯(W. R. Evans)提出了根轨迹法,进一步充实了经典控制理论。1954年我国科学家钱学森发表了"工程控制论"这一名著,对推动控制理论的应用起了很大的作用。

随着苏联人造地球卫星的发射和空间年代的到来,控制工程的发展,得到了另一种新的动力。为火箭和空间探测器设计出复杂的和高精度的控制系统,成为一项必需的任务。为了减轻人造卫星的重量以及对它们的非常精确地控制,导致了最优控制理论的产生。1956年苏联庞特廖金(L. S. Pontryagin)提出了极大值原理,1957年美国贝尔曼(R. I. Bellman)提出了动态规划理论,1960年美国的卡曼(R. E. Kalman)提出了卡曼滤波理论。他们的工作形成了现代控制理论的基础。

从上面简单介绍的自动控制发展的历程可知,自动控制技术的应用,促进了社会经济的发展,而客观的社会需要又给自动控制理论的发展赋以动力。

第二节　自动控制系统的工作原理

一、速度控制系统

图1-1表示用以实现车床主轴变速的直流电动机转速控制系统。系统中③是电枢控制式的直流电动机,它具有恒定的激磁电流 i_f。电动机的转速

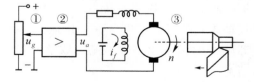

图 1-1　直流电动机转速控制系统

n 和电枢电压 u_a 成正比。电枢电压 u_a 可以由改变给定电位计 ① 的滑臂位置而得到的给定电压 u_g 并通过放大器 ② 放大而获得。因此,电动机转速 n 和给定电压 u_g 有一一对应的关系,将电位计滑臂调到适当位置,就可得到所需要的转速。这一系统的控制关系可用图1-2的方框图表示。

图1-2 直流电动机转速控制系统的方框图

当电动机的负载转矩变化很小,系统元件特性比较稳定时,图1-1的控制系统可以满足预期的要求。否则电动机的实际转速与期望值相比将有较大的误差。

为了克服或减小负载转矩变化对转速的影响,可以采用干扰补偿的办法。图1-3所示的速度控制系统就是带干扰补偿的直流电动机速度控制系统。工作时若负载转矩增加,则电动机转速下降,电枢电流 i_a 增大。由于引入了与电枢电流有关的正反馈补偿,故电枢电压 u_a 升高,从而使电动机转速升高,补偿了负载转矩的变化对转速的影响。

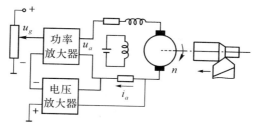

图1-3 带干扰补偿的直流电动机速度控制系统

这种具有干扰补偿的速度控制系统可用图1-4的方框图表示。

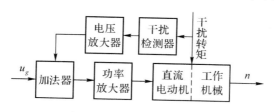

图1-4 图1-3的方框图

采用干扰补偿的系统一般不能解决由于元件特性不稳定所产生的输出误差。另外,一个补偿装置一般只能补偿一种干扰的影响,而且也只有在干扰能够检测的情况下才能采用。

图1-5所示的带偏差控制作用的速度控制系统可以减小或消除由各种

因素所引起的转速变化。

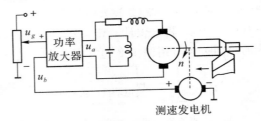

图 1-5　带偏差控制作用的速度控制系统

　　这个系统中,电动机的转速是由电压 u_g 和 u_b 共同控制的。测速发电机用来测量实际转速,并将与实际转速对应的电压 u_b 回送到加法器(比较器)与给定电压 u_g 进行比较。当负载转矩变化或由于其他原因使电动机转速高于(或低于)要求转速时,电压 u_b 便升高(或降低)。比较器输出的偏差电压 $\Delta u = u_g - u_b$ 相应减小(或加大),因而经放大器放大后的电压 u_a 也相应降低(或升高),从而使电动机的转速下降(或升高)而回复到要求值。

　　图 1-6 是这一控制系统的方框图。

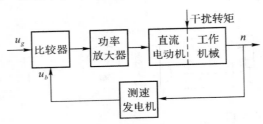

图 1-6　图 1-5 的方框图

二、水位控制系统

　　图 1-7 表示一水位控制系统,它用来在用水流量变化情况下,维持水位不变。当用水流量 Q_2 变化时,水位也随之变化,水位变化由浮子测量。反映实际水位对给定水位偏差的电位计输出电压,经放大器放大后驱动执行电机。电机的运动经减速器降速后把进水阀门开大或关小,使进水流量 Q_1 增大或减小以补偿用水流量的变化,并使水位恢复到原来的给定值。

　　表示这一系统控制与调节关系的方框图如图 1-8 所示。

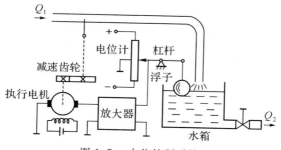

图 1-7 水位控制系统

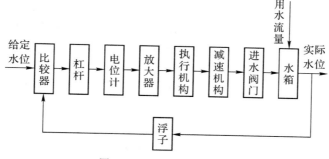

图 1-8 图 1-7 的方框图

三、随动系统

图 1-9 是随动系统工作原理图。指令电位计 ① 给出指令转角 θ_g,并输出相应的电压 u_g。测量电位计 ② 用来测量工作机械的实际转角 θ,并输出相应的电压 u。当工作机械的转角 θ 小于指令转角 θ_g,则电压 u 小于电压 u_g,于是出现偏差电压 u_e。电动机便带动工作机械转动,直到 θ 与 θ_g 相等时为止。因此,只要转动指令电位计,工作机械便会跟随着转动。

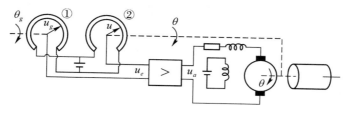

图 1-9 随动系统

在随动系统中,控制指令可根据需要随时给出或者是事先不知道的任意时间函数,而当指令信号变化时,工作机械便精确地复现着指令信号的变化规律。这个随动系统的方框图如图 1-10 所示。

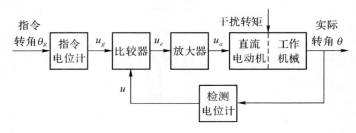

图 1-10　图 1-9 的方框图

从上面几种系统的讨论中知道：

1. 自动控制系统是由控制装置和受控对象（或受控过程）两大部分组成的。对受控对象（或受控过程）产生控制调节作用的装置称为控制装置。一般控制装置包括下面一些元件：

检测反馈元件　　检测反馈元件的任务是对系统的被控量进行检测，并把它转换成与参考输入相同的物理量后，送入比较元件。前述系统中的测速发电机，浮子和测量电位计等就是检测反馈元件。

比较元件　　比较元件的作用是将检测反馈元件送来的信号与参考输入进行比较而得出两者的差值。比较元件可能不存在一个具体的元件，而只有起比较作用的信号联系。

放大元件　　放大元件的作用是将比较元件输出的信号进行放大。前述系统中的电压放大器，功率放大器，以及杠杆机构等都是放大元件。

执行元件　　执行元件是将放大元件的输出信号转变成机械运动，从而对受控对象施加控制调节作用。前述系统中的执行电机就是执行元件。

受控对象是指接受控制的设备（或过程），如前述系统中的工作机械，水箱等。

2. 自动控制系统是在没有人直接参与的情况下，利用控制装置对受控对象进行控制操纵，使被控量按参考输入保持常值或跟随参考输入的变化规律而变化的。

被控量就是系统的输出，它是受控对象中被控制的一个物理量，如速度控制系统中工作机械的速度，水位控制系统中的水面高度，随动系统中工作机械的转角等。

参考输入又称给定值，它是对系统进行控制的给定输入。速度控制系统中的给定电压，水位控制系统中的给定水位，随动系统中的电压 u_g 都是参考输入。

3. 自动控制系统可概括地用图 1-11 所示的方框图表示。由图可见，对系统参与控制的信号可能来自三个方面,即参考输入,被控量和干扰。但当被控量对系统参与控制时,就不需引入干扰的补偿控制。

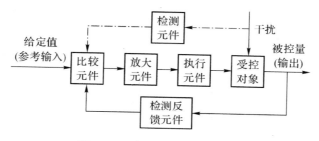

图 1-11 自动控制系统方框图

干扰是指除参考输入和反馈信号以外的对系统被控量产生影响的其他因素。干扰可能来自系统的内部或外部。来自系统外部的干扰,是环境对系统的一种作用,所以它也是系统的一种输入。

4.前面讨论的几种系统,可分别归属于如下类型:

(1)恒值系统:图 1-1,图 1-3 和图 1-5 所示的速度控制系统以及图 1-7 所示的水位控制系统,它们的给定值都是恒值,故这类系统称为恒值系统。

(2)随动系统:给定值(控制指令)可根据需要随时给出,或者是事先不知道的任意时间函数的系统称为随动系统。在随动系统中,当指令信号变化时,工作机械便精确地复现着指令信号的变化规律。图 1-9 所示的系统称为随动系统。

(3)程序控制系统:控制指令是预先知道的随动系统,又称为程序控制系统。

(4)自动调节系统或镇定系统:图 1-5 的带偏差控制作用的速度控制系统和图 1-7 的水位控制系统都是根据偏差产生控制作用,对系统进行自动调节,使被控量保持恒定的。故这类系统又常称为自动调节系统或镇定系统。

第三节　自动控制的基本方式

一、开环控制

被控量(输出)不影响系统控制的控制方式称为开环控制。所以在开环控制中,不对被控量进行任何检测,在输出端和输入端之间不存在反馈联系。

开环控制又有两种方式,即用给定值操纵的控制方式和用干扰补偿的控制方式。

1. 用给定值操纵的控制方式

用给定值操纵的开环控制的方框图如图 1-12 所示。这种控制方式的特点是,在给定输入端到输出端之间的信号传递是单向进行的。图 1-1 所示的直流电动机转速控制系统就是采用这种控制方式。

图 1-12　用给定值操纵的开环控制

这种控制方式的缺点是,当受控对象或控制装置受到干扰,或者在工作过程中元件特性发生变化而影响被控量时,系统不能进行自动补偿,故控制精度难以保证。但是由于它的结构比较简单,所以在控制精度要求不高或者元件工作特性比较稳定而干扰又很小的场合,应用比较广泛。

2. 用干扰补偿的控制方式

用干扰补偿的开环控制的方框图如图 1-13 所示。这种控制方式的特点是,干扰信号经测量、计算、放大、执行等元件到输出端的传递,也是单向进行的。图 1-3 的直流电动机速度控制系统就是用干扰补偿的开环控制系统。

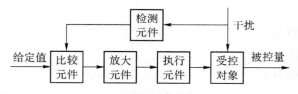

图 1-13　用干扰补偿的开环控制

用干扰补偿的控制方式只能用在干扰可以测量的场合。另外这种控制方式在工作过程中不能补偿由于元件及受控对象工作特性变化对被控量所产生的影响。

二、闭环控制

被控量对系统参与控制的控制方式称为闭环控制。闭环控制的方框图如图 1-14 所示。由图可见,在闭环控制中,在给定值和被控量之间,除了有一条从给定值到被控量方向传递信号的向前通道外,还有一条从被控量到比较元件的传递信号的反馈通道。控制信号沿着向前通道和反馈通道循环传递,故闭环控制又称反馈控制。

在闭环控制中,被控量时时刻刻被检测,或者再经过信号变换,并通过反馈通道回送到比较元件和给定值进行比较。比较后得到的偏差信号经放大元件进行放大后送入执行元件。执行元件根据所接受的信号的大小和极性,直接对受控对象进行调节,以进一步减小偏差。可见,只要闭环控制系统出现偏差,而不论该偏差是由干扰造成的,还是由于系统元件或受控对象工作特性变化所引起的,系统都能自行调节以减小偏差。故闭环控制系统又称带偏差调节的控制系统。

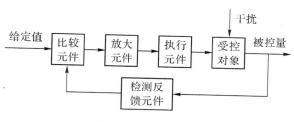

图 1-14   闭环控制

闭环控制从原理上提供了实现高精度控制的可能性,它对控制元件的要求比开环控制的低。但与开环控制系统相比,闭环控制系统设计比较麻烦,结构也比较复杂,因而成本较高。

闭环控制是自动控制中广泛采用的一种控制方式。当控制精度要求较高,干扰影响比较大时,一般都采用闭环控制。图1-5的速度控制系统,图1-7的水位控制系统以及图1-9的随动系统都是闭环控制系统。

第四节   对控制系统的基本要求

工作在不同场合下的控制系统,对它有不同的性能要求。这一节主要从控制角度来讨论它们应满足的基本要求。

控制系统的任务是使被控量按参考输入保持常值或跟随参考输入变化。但要在任何时间做到这一点并不容易。例如,当对图1-9的随动系统的指令电位计 ①,在瞬间转动一个单位角度时,由于系统惯性的存在,以及能源功率的限制,工作机械不可能立即跟随转动相等的角度。当偏差产生的控制作用使工作机械转过与给定值相等的角度时,而由于惯性关系,工作机械将仍以一定速度继续旋转。因而出现反向偏差,控制系统又产生反向控制作用,使工作机械反向转动。如此周而复始,出现了振荡的跟踪过程。控制系统的这一运动过程称为动态过程(或瞬态过程、暂态过程、过渡过程等)。当系统结构及其参数匹配合理时,经过一定时间后,被控量将趋于希望值。

图 1-15 表示了在阶跃输入信号作用下,几种系统的被控量的变化过程。图中 $x(t)$ 表示输入,$y(t)$ 表示输出。

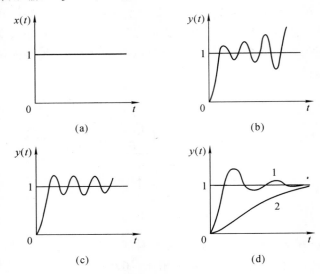

图 1-15   控制系统的阶跃输入和输出

显然,不是所有系统都能正常地工作。系统要能正常地工作,必需满足如下基本要求:

1. 稳定性   稳定性是指系统被控量偏离给定值而振荡时,系统抑制振荡的能力。对于稳定的系统,随着时间的增长,被控量将趋近于希望值。可见稳定性是保证系统正常工作的先决条件。图 1-15(b)和(c)所示的系统是不稳定的,这种系统不能工作。

2. 快速性   快速性是指被控量趋近希望值的快慢程度。快速性好的系统,它的过渡过程时间就短,就能复现快速变化的控制信号,因而具有较高的动态精度。图 1-15(d)所示的系统 1,其快速性要比系统 2 好。

稳定性和快速性是反映动态过程好坏的尺度。

3. 精确性   精确性是指过渡过程结束后,被控量与希望值接近的程度。也就是当系统过渡到新的平衡工作状态后,被控量对希望值的偏差的大小。系统的这一性能指标称为稳态精度。

在后面的有关章节中,将通过系统数学模型的研究,详细分析系统的结构和参数匹配与稳定性、快速性和稳态精度之间的关系。

习 题

1-1 图 P1-1 所示的水位控制系统，在用水流量变动情况下，能通过改变进水阀门的开度，改变进水流量，以便保持水面高度不变。试画出这一系统的方框图。

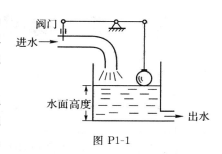

图 P1-1

1-2 图 P1-2 所示为一直流发电机工作原理图。为了排除由于负载的变化以及原动机转速 n 的变化对发电机端电压的影响，以保持端电压 V 恒定，需要不断调节激磁电路上的电阻 R_f，以改变激磁电流 i_f 试设计一自动控制装置以实现 R_f 的自动调节。画出系统原理图以及方框图。

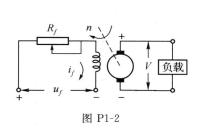

图 P1-2

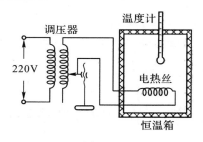

图 P1-3

1-3 图 P1-3 所示为一人工控制恒温箱。试设计一自动控制装置，以代替人工调压，实现温度自动控制。画出系统原理图和方框图。

1-4 图 P1-4 表示一自动控制装置，试说明：

(1)该装置的用途；

(2)为提高控制精度，设计中采取了哪些措施？

(3)为进一步提高控制精度，还可采用哪些措施？

(4)画出该系统的方框图。

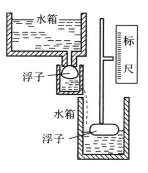

图 P1-4

第二章　物理系统的微分方程

为了揭示系统的结构、参数和它的动态性能之间的关系,以便设计出具有理想动态特性的系统,需要对系统进行理论分析和计算。分析动态系统,首先要对它的输入变量和输出变量之间的运动关系进行数学描述,也就是要建立系统的动态数学模型(以下简称数学模型)。

在经典控制理论中,数学模型的形式有微分方程、传递函数和频率特性函数,另外还有方块图和信号流图。在这些数学模型中,微分方程是最基本的一种数学模型。

本章将着重介绍建立物理系统微分方程的一般方法和步骤以及有关的数学处理方法。

第一节　建立物理系统微分方程的一般方法和步骤

建立物理系统的微分方程有许多方法。本节将介绍建立微分方程的一般方法和步骤以及建立非电系统微分方程的回路相似法。对其他方法,如拉格朗日法和键图法等,有兴趣的读者可参阅专门书籍。

一、建立物理系统微分方程的一般步骤

1. 将实际物理系统简化成理想化的物理系统

实际物理系统的运动是非常复杂的。以致很难用数学方法进行精确的描述。或者要用非常复杂的微分方程,如时变非线性偏微分方程来描述,而求解这种微分方程是相当困难的,有时甚至是不可能的。因此在建立物理系统的微分方程时,第一步,也是很重要的一步,就是要根据系统研究所涉及的特定问题、要求的精度以及系统工作的条件等,对实际物理系统进行一些简化,以便能建立一个既简单又精确的数学模型。

对实际物理系统进行简化,一般可从下列几方面进行:

（1）忽略次要因素或数值上比较小的因素。如低压大流量液压系统中液压元件的泄漏；当容腔压力变化很小时或容腔容积很小时，油液的可压缩性；短而粗的构件的柔性；等等。

（2）分布参量集中化。实际系统中各参量，如机械构件的质量，电路中导线的电阻等都是分布参量，但在特定的工作条件下，例如在低频范围工作时，可以把它看成是集中参量，这样就可以用常微分方程代替偏微分方程来描述系统。

（3）非线性因素线性化。实际系统，如电气系统、机械系统、液压系统等，在各变量之间都包含有非线性关系。非线性问题的求解是相当复杂的。略去次要非线性因素，是处理非线性问题的一种线性化方法。例如在研究机床进给系统低速爬行特性时，必须考虑导轨摩擦力的非线性特性。但是当研究它的运动快速性时，就可把它当作线性阻尼。当不能忽略非线性因素时，则有些可采用非线性方程线性化方法来解决。

（4）时变参量定常化。系统在工作中，有许多参量是随时间而变化的，如飞机的质量随着燃料的消耗而减小，液压油的粘度随油温升高而降低等。在许多场合下，这些变化是可以忽略的。

通常都是先建立一个比较简单的数学模型，以便对系统的动态响应有一个定性的了解，然后再建立比较完善的数学模型，对系统进行比较精确的分析。

2. 将简化了的物理系统划分成若干环节，并确定每个环节的输入和输出。

在划分环节时应当注意，只有当它的输入输出关系不受后面环节影响时，它才能成为一个环节。

3. 根据有关的物理（或化学）基本定律，写出描述各环节输入输出之间运动关系的方程式。

4. 消去中间变量后，即得到描述系统输入输出之间运动关系的微分方程。下面就机械系统、电气系统和液压系统分别举例加以说明。

二、机械系统微分方程的建立

图 2-1 表示了一个简单的加速度仪。它是由质量、弹簧和阻尼器构成的。工作时，将它固定在被测的运动体上。当运动体被加速时，则弹簧变形，直到它产生足够的力来加速质量，使之达到和运动体相同的速度为止。设 x 为运动体相对于固定参考坐标系的位移，y 为质量 m 相对于运动体的位

移，于是可作自由体图如图2-2所示。图中 ky 为弹簧恢复力，$\mu \dfrac{dy}{dt}$ 为阻尼器的粘性摩擦力，$(y-x)$ 为质量相对于固定参考坐标系在 y 的正方向上的位移。根据牛顿定律有

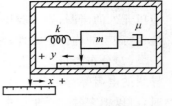

图2-1 机械式加速度仪

$$m \frac{d^2(y-x)}{dt^2} = -\left(ky + \mu \frac{dy}{dt}\right)$$

或

$$m \frac{d^2 y}{dt^2} + \mu \frac{dy}{dt} + ky = m \frac{d^2 x}{dt^2} = ma \tag{2-1}$$

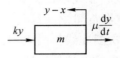

图2-2 加速度仪的自由体图

方程(2-1)就是加速度仪的微分方程。式中 a 就是输入加速度，而 y 为输出位移。

当加速度 a 为恒值时，则在稳态情况下，y 的各阶导数为零，输出位移 y 变为常数，即

$$y = \frac{1}{k} ma$$

于是通过直线运动式电位计所测出的 y 值，就是所测的恒值加速度大小的度量，即

$$a = \left(\frac{k}{m}\right) y$$

三、电气系统微分方程的建立

图2-3为磁场控制式直流电动机的原理图。在这个系统中，以磁场电压 e_f 为输入量，电动机转角 θ 为输出量。

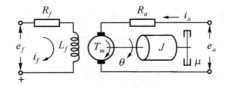

图2-3 磁场控制式直流电动机

电枢电路由直流电源供给电流。在电枢电路中串有很大的电阻，在这一电阻上的电压降，要比电枢在磁场中转动时感应出来的反电势还要大。藉此使电枢电流 i_a 近似保持常数。

电动机产生的转矩 T_M 正比于气隙磁通 Φ 与电枢电流 i_a 的乘积。在电动

机正常工作范围内,气隙磁通 Φ 与激磁电流 i_f 成正比。故

$$T_M = k_1 \Phi_a = k_1 (k_2 i_f) i_a \tag{2-2}$$

式中:k_1、k_2 为常数。当 i_a 不变时,式(2-2)成为

$$T_M = k i_f \tag{2-3}$$

式中:k 为常数。

根据克希霍夫定律和牛顿定律,可列出激磁电流方程和电动机转子转矩方程如下:

$$L_f \frac{\mathrm{d} i_f}{\mathrm{d} t} + R_f i_f = e_f \tag{2-4}$$

$$J \frac{\mathrm{d}^2 \theta}{\mathrm{d} t^2} + \mu \frac{\mathrm{d} \theta}{\mathrm{d} t} = T_M = k i_f \tag{2-5}$$

上两式中,L_f 为激磁绕组的电感;R_f 为激磁绕组的电阻;e_f 为激磁绕组的控制输入电压;i_f 为激磁绕组的电流;J 为电动机和负载折算到电动机轴上的等效转动惯量;μ 为电动机和负载折算到电动机轴上的等效粘性摩擦系数;T_M 为电动机产生的转矩;θ 为电动机轴的转角;k 为常数。消去中间变量 i_f,由方程(2-4)和(2-5)得系统微分方程为:

$$L_f J \frac{\mathrm{d}^3 \theta}{\mathrm{d} t^3} + (L_f \mu + R_f J) \frac{\mathrm{d}^2 \theta}{\mathrm{d} t^2} + R_f \mu \frac{\mathrm{d} \theta}{\mathrm{d} t} = k e_f \tag{2-6}$$

四、流体系统微分方程的建立

图 2-4 所示为一节流调速系统,今列写以外力 F 为输入,工作部件运动速度 u 为输出的微分方程。在建立微分方程时,对实际系统作如下简化:

(1)因溢流阀动态响应远比整个系统的动态响应快,故可略去它对系统动态响应的影响;

(2)系统的内外泄漏较小,不予考虑;

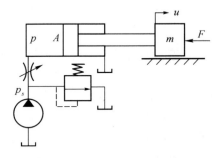

图 2-4　节流调速系统

(3)在动态响应期间,油缸左腔容积变化不大,可认为是常量。

下面先列出系统的原始方程。

(1)流量方程

根据连续性方程,可列出油缸流量方程如下:

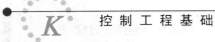

$$Q = Au + \frac{V}{\beta} \frac{\mathrm{d}p}{\mathrm{d}t} \tag{2-7}$$

式中:Q 为流入油缸左腔的流量;A 为油缸左腔有效面积;u 为工作部件运动速度;V 为油缸左腔初始容积;β 为油的体积弹性模量;p 为油缸左腔压力。

很明显,方程(2-7)右边第一项为活塞运动所需的流量,第二项是由于油液受压需附加的流量。

(2)油缸活塞(工作部件)的受力平衡方程

根据牛顿定律有

$$pA - \mu u - F = m \frac{\mathrm{d}u}{\mathrm{d}t} \tag{2-8}$$

式中,m 为折算到活塞上的等效质量;μ 为折算到活塞上的等效粘性摩擦系数;F 为外作用力。其他符号含义同前。

(3)通过节流阀的流量

根据伯努利定律

$$Q = k \sqrt{p_s - p} \tag{2-9}$$

式中,Q 为通过节流阀的流量,即进入油缸的流量;k 当节流阀调定后为常数;p_s 为油泵供油压力;p 为油缸左腔压力。

消去中间变量 p 后,即可由方程(2-7)～(2-9)求得系统微分方程如下:

$$\frac{Vm}{\beta A} \frac{\mathrm{d}^2 u}{\mathrm{d}t^2} + \frac{V\mu}{\beta A} \frac{\mathrm{d}u}{\mathrm{d}t} + Au + \frac{V}{\beta A} \frac{\mathrm{d}F}{\mathrm{d}t} = k \left[p_s - \left(\frac{m}{A} \frac{\mathrm{d}u}{\mathrm{d}t} + \frac{\mu}{A} u + \frac{F}{A} \right) \right]^{0.5}$$

$$\tag{2-10}$$

方程(2-10)是一个复杂的二阶非线性微分方程。

五、利用回路相似法建立非电系统的微分方程

能用同一类型方程描述的系统,称为相似系统。相似系统可以有完全不同的物理结构。一个由质量,弹簧,阻尼器组成的系统,可以和一个由电感,电容,电阻适当连接而成的回路相似。根据相似原理,一个机械系统可以转换成电系统来处理。这样做还有许多好处。

机械系统和电系统之间有两种类型的相似,即力－电压相似和力－电流相似。力－电压相似中参变量的对应关系见表 2-1。下面以机械平移系统说明用力－电压相似法建立机械系统微分方程的过程。

表 2-1 力－电压相似中参变量的对应关系

机械系统	力或转矩	速度或角速度	位移或角位移	质量或转动惯量	阻尼	弹性
电气系统	电压	电流	电荷	电感	电阻	电容

用回路相似法建立机械系统的微分方程,可按如下步骤进行:

(1)将机械系统画成相似回路。

将机械平移系统画成力－电压相似回路的规则是:机械平移系统中每一个刚体相当于电回路中一个闭合回路;刚体的质量以及和刚体相连的弹簧、阻尼器相当于电回路中的电感、电容和电阻;作用在刚体上的外力(或速度)相当于闭合回路中的电压源(或电流源)。

(2)利用克希霍夫定律写出回路的微分方程。

(3)将方程中的电参变量变换成机械参变量。

图 2-5(a)表示一双坐标机械平移系统。根据力－电压相似原理可画出相似回路如图 2-5(b)所示。因为相应于两个坐标 x_1 和 x_2,机械系统有两个刚体,因此在相似电路中有两个回路。第一个回路由电压源 V,电感 L_1 和电阻 R_1、R_2 组成。它相当于机械系统中的外力 F,质量 m_1,阻尼器 μ_1、μ_2。第二个回路由电感 L_2,电容 C 和电阻 R_1 组成。它相当于机械系统中的质量 m_2,弹簧 k 和阻尼器 μ_1。

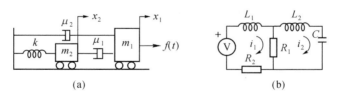

(a)　　　　　　　　　　(b)

图 2-5　机－电相似

根据克希霍夫定律可以很容易写出回路方程:

$$L_1 \frac{di_1}{dt} + (R_1 + R_2)i_1 - R_1 i_2 = V \tag{2-11}$$

$$-R_1 i_1 + L_2 \frac{di_2}{dt} + R_1 i_2 + \frac{1}{C}\int i_2 dt = 0 \tag{2-12}$$

利用表 2-1,将电参变量换成机械参变量,得:

$$m_1 \frac{du_1}{dt} + (\mu_1 + \mu_2)u_1 - \mu_1 u_2 = F \tag{2-13}$$

$$-\mu_1 u_1 + m_2 \frac{du_2}{dt} + \mu_1 u_2 + k\int u_2 dt = 0 \tag{2-14}$$

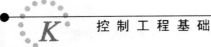

式中，k 为弹簧常数，$u_1 = \dfrac{\mathrm{d}x_1}{\mathrm{d}t}$，$u_2 = \dfrac{\mathrm{d}x_2}{\mathrm{d}t}$

第二节　线性系统及其齐次性和叠加性

一、线性系统

所谓线性系统，从数学观点看，就是动态特性可以用线性微分方程来描述的系统。

若微分方程中，无论是因变量或者是它的导数，都不高于一次方，并且没有一项是因变量与其导数之积，则此微分方程就是线性微分方程。则这种方程描述的系统称为线性系统。

显然下列微分方程描述的系统是线性系统：

$$\frac{\mathrm{d}^2 y}{\mathrm{d}t^2} + 3\frac{\mathrm{d}y}{\mathrm{d}t} + 4y = e(t)$$

$$t\frac{\mathrm{d}^2 y}{\mathrm{d}t^2} + 5\frac{\mathrm{d}y}{\mathrm{d}t} + t^2 y = e^{-t}$$

而下列微分方程所描述的系统则为非线性系统：

$$3\frac{\mathrm{d}^2 y}{\mathrm{d}t^2} + y\frac{\mathrm{d}y}{\mathrm{d}t} + 2y = 5t^2$$

$$\frac{\mathrm{d}u}{\mathrm{d}t} + u^2 + u = \sin^2 \omega t$$

$$t(\frac{\mathrm{d}^2 y}{\mathrm{d}t^2})^2 + 5\frac{\mathrm{d}y}{\mathrm{d}t} + t^2 y = A\sin\omega t$$

二、线性系统的齐次性

如果系统在输入 $x(t)$ 作用下的输出为 $y(t)$，并记为

$$x(t) \rightarrow y(t)$$

则下面关系

$$kx(t) \rightarrow ky(t)$$

称为齐次性。式中 k 为常数。

线性系统具有齐次性。

三、线性系统的叠加性

若系统在输入 $x_1(t)$ 作用下的输出为 $y_1(t)$，而在另一个输入 $x_2(t)$ 作用下的输出为 $y_2(t)$，并记为

$$x_1(x) \rightarrow y_1(t)$$

$$x_2(t) \rightarrow y_2(t)$$

则以下关系

$$x_1(t) + x_2(t) \rightarrow y_1(t) + y_2(t)$$

称为叠加性或叠加原理。

线性系统具有叠加性。

线性系统具有齐次性和叠加性，这就意味着，对于线性系统，一个输入的作用并不影响另一输入作用下的输出；几个输入叠加产生的总输出，等于各个输入单独作用下产生的输出的叠加。线性系统具有齐次性和叠加性，这就给线性系统的分析研究带来了很大的方便。

【例 2-1】　利用叠加原理判别由微分方程

$$\frac{\mathrm{d}^2 y}{\mathrm{d}t^2} + a_1 \frac{\mathrm{d}y}{\mathrm{d}t} + a_0 y = x(t)$$

所描述的系统是线性系统还是非线性系统。

解：设系统在输入 $x_1(t)$ 和 $x_2(t)$ 作用下的输出分别为 $y_1(t)$ 和 $y_2(t)$，则有

$$\frac{\mathrm{d}^2 y_1}{\mathrm{d}t^2} + a_1 \frac{\mathrm{d}y_1}{\mathrm{d}t} + a_0 y_1 = x_1$$

$$\frac{\mathrm{d}^2 y_2}{\mathrm{d}t^2} + a_1 \frac{\mathrm{d}y_2}{\mathrm{d}t} + a_0 y_2 = x_2$$

将上两式相加得

$$\frac{\mathrm{d}^2}{\mathrm{d}t^2}(y_1 + y_2) + a_1 \frac{\mathrm{d}}{\mathrm{d}t}(y_1 + y_2) + a_0(y_1 + y_2) = x_1 + x_2$$

上式表明，系统在输入 $(x_1 + x_2)$ 作用下的输出是单个输入 x_1 和 x_2 作用下的输出之和 $(y_1 + y_2)$。即使系数 a_1 和 a_0 是自变量 t 的函数，这一结论仍然是正确的。因此所讨论的系统是线性系统。

第三节　增量方程及非线性方程的线性化

一、增量方程

描述系统运动的微分方程,其变量数值大小的度量可以用它们的零值作基准。例如某系统在输入 $x(t)$ 作用下的输出为 $y(t)$。其输入输出关系

$$y = f(x)$$

可用图 2-6 表示。图中坐标原点就是各变量的零值点。

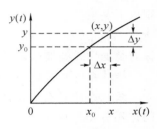

图 2-6　平衡工作点

当系统处于平衡时,各个变量都有一个平衡值,如图 2-6 中的 x_0,y_0。当系统受到干扰后,各变量相对平衡值将产生偏离 Δx、Δy,如图 2-6 所示。如果各个变量数值大小的度量用它的平衡值作基准,即相当于将广义坐标的原点设在系统的平衡工作点,则系统的输入输出关系可表示成

$$\Delta y = f(\Delta x) \tag{2-15}$$

式中:Δx,Δy 称为变量 x 和 y 的增量,而方程(2-15)称为增量方程。

可见当用一般方程描述系统运动时,系统运动的初始状态就是平衡工作点的状态,各个变量的初始值就是它的平衡值。而用增量方程描述系统运动时,系统的各个变量的初始值都等于零,这就为系统的分析研究带来了很大的方便。

把线性方程化为增量方程可按如下步骤进行:

1. 确定平衡工作点,写出静态方程;

2. 将原方程中变量的瞬时值用它的平衡值与增量之和表示;

3. 将变换后的方程与静态方程相减,即得系统的增量方程。

【例 2-2】　将机械平移系统的运动方程

$$m \frac{\mathrm{d}^2 y}{\mathrm{d}t^2} + \mu \frac{\mathrm{d}y}{\mathrm{d}t} + ky = F$$

写成增量方程。

解:设系统的平衡工作点为 (F_0, y_0),则其静态方程为:

$$ky_0 = F_0$$

在原方程中令 $F = F_0 + \Delta F$，$y = y_0 + \Delta y$ 得

$$m \frac{\mathrm{d}^2(y_0 + \Delta y)}{\mathrm{d}t^2} + \mu \frac{\mathrm{d}(y_0 + \Delta y)}{\mathrm{d}t} + k(y_0 + \Delta y) = F_0 + \Delta F$$

将上式与静态方程相减得

$$m \frac{\mathrm{d}^2 \Delta y}{\mathrm{d}t^2} + \mu \frac{\mathrm{d}\Delta y}{\mathrm{d}t} + k\Delta y = \Delta F$$

这就是所求的增量方程。对比原方程和增量方程可见，只要将原方程中的变量用它的增量代替，就可得到增量方程。为了书写方便起见，在写方程时，一般都将符号"Δ"省去。

将一般方程化为增量方程，要利用叠加原理。非线性方程不符合叠加原理，所以不能用上述方法化为增量方程。非线性方程需先经过线性化，才能化成增量方程。

二、非线性微分方程的线性化

实际上所有元件和系统都不同程度地具有非线性特性，如饱和特性、死区特性、间隙（滞环）特性、摩擦特性、继电特性和平方律特性等。因此，实际系统一般都是非线性的，描述系统运动的微分方程是非线性微分方程。求解非线性微分方程是相当困难的。另外，由于非线性特性有各种不同的类型，所以也没有解析求解的通用方法。

在非线性特性中，有些具有间断点、折断点或非单值关系，这些非线性特性称为严重非线性特性或本质非线性特性。具有本质非线性特性的系统，只能用非线性理论去处理。

在工作中，控制系统各个变量偏离其平衡值一般都比较小，因此，对于具有非本质非线性特性的系统，可以采用小偏差线性化的方法求取近似的线性微分方程以代替原来的非线性微分方程。

非线性微分方程的小偏差线性化，是通过将非线性函数在平衡工作点邻域展开成泰勒级数并略去增量的高次项而实现的。

设非线性函数 $y = f(x)$ 的平衡工作点是 (x_0, y_0)，将它在平衡工作点邻域展开成泰勒级数得

$$y = f(x) = f(x_0) + \frac{\mathrm{d}f}{\mathrm{d}x}\bigg|_{x=x_0}(x - x_0) + \frac{1}{2}\frac{\mathrm{d}^2 f}{\mathrm{d}x^2}\bigg|_{x=x_0}(x - x_0)^2 + \cdots$$

略去增量的高次项得

$$y = f(x_0) + \frac{\mathrm{d}f}{\mathrm{d}x}\bigg|_{x=x_0}(x - x_0) \tag{2-16}$$

把它写成增量形式得

$$\Delta y = \frac{\mathrm{d}f}{\mathrm{d}x}\bigg|_{x=x_0} \Delta x \tag{2-17}$$

式中

$$\Delta y = y - y_0 = y - f(x_0), \Delta x = x - x_0$$

方程(2-16)和(2-17)就是非线性函数 $y = f(x)$ 在平衡工作点处的近似线性表达式。

小偏差线性化的几何含义可用图 2-7 来说明。由图可见，$\dfrac{\mathrm{d}f}{\mathrm{d}x}\bigg|_{x=x_0}$ 就是曲线 $y = f(x)$ 在平衡工作点 (x_0, y_0) 处的切线的斜率。而方程(2-16)就是 $y = f(x)$ 在点 (x_0, y_0) 处的切线方程。所以，线性化就是在平衡工作点处用线性特性来近似原来的非线性特性。另外还可知，当 $y = f(x)$ 在平衡

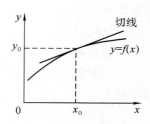

图 2-7　小偏差线性化的几何含义

工作点处的曲率愈小，变量偏离平衡值愈小，线性化的精度也就愈高。

具有两个自变量 x, y 的非线性函数 $z = f(x, y)$ 在平衡工作点 (x_0, y_0) 的邻域展开的泰勒级数是

$$z = f(x, y) = f(x_0, y_0) + \left[\left(\frac{\partial f}{\partial x}\right)(x - x_0)\right.$$

$$+ \left(\frac{\partial f}{\partial y}\right)(y - y_0)\right]\bigg|_{x=x_0, y=y_0} + \frac{1}{2!}\left[\left(\frac{\partial^2 f}{\partial x^2}\right)(x - x_0)^2\right.$$

$$+ 2\left(\frac{\partial^2 f}{\partial x \partial y}\right)(x - x_0)(y - y_0) + \left(\frac{\partial^2 f}{\partial y^2}\right)(y - y_0)^2\right]\bigg|_{x=x_0, y=y_0} + \cdots$$

略去增量的二次项得

$$z = f(x_0, y_0) + \frac{\partial f}{\partial x}\bigg|_{x=x_0, y=y_0}(x - x_0) + \frac{\partial f}{\partial y}\bigg|_{x=x_0, y=y_0}(y - y_0)$$

$$\tag{2-18}$$

或　　　　$\Delta z = k_1 \Delta x + k_2 \Delta y$　　　　　　　　　　　　　　　(2-19)

式中　　　$\Delta z = z - z_0 = z - f(x_0, y_0)$

$$\Delta x = x - x_0$$

$$\Delta y = y - y_0$$

$$k_1 = \frac{\partial f}{\partial x}\bigg|_{x=x_0, y=y_0}$$

$$k_2 = \frac{\partial f}{\partial y}\bigg|_{x=x_0, y=y_0}$$

式(2-18)和(2-19)就是非线性函数 $z = f(x, y)$ 在平衡工作点 (x_0, y_0) 处的近似线性表达式。

【例 2-3】 将非线性阀口流量公式

$$Q = C_d A \sqrt{\frac{2 p_L}{\rho}}$$

在平衡工作点 (A_0, p_{L0}) 进行线性化。式中，Q 为通过阀口的流量；A 为阀口通流面积，变量；p_L 为阀口两端压差，变量；C_d 为流量系数，常量；ρ 为油的密度，常量。

解：将阀口流量公式在平衡工作点 (A_0, p_{L0}) 邻域展开成泰勒级数，并略去增量的高次项得：

$$Q = Q_0 + \left.\frac{\partial Q}{\partial A}\right|_{A=A_0, p_L=p_{L_0}} (A - A_0) + \left.\frac{\partial Q}{\partial p_L}\right|_{A=A_0, p_L=p_{L_0}} (p_L - p_{L_0})$$

式中

$$Q_0 = C_d A_0 \sqrt{\frac{2 p_{L_0}}{\rho}}$$

$$\left.\frac{\partial Q}{\partial A}\right|_{A=A_0, p_L=p_{L_0}} = C_d \sqrt{\frac{2 p_{L_0}}{\rho}} = k_1$$

$$\left.\frac{\partial Q}{\partial p_L}\right|_{A=A_0, p_L=p_{L_0}} = C_d A_0 \frac{1}{\sqrt{2 \rho p_{L_0}}} = k_2$$

于是可得近似的线性表达式为

$$Q = Q_0 + k_1 (A - A_0) + k_2 (p_L - p_{L_0})$$

或

$$\Delta Q = k_1 \Delta A + k_2 \Delta p_L$$

习　题

2-1　求图 P2-1(a)、(b)、(c)所示系统的运动方程。图中位移 x_i 为输入，位移 x_0 为输出。

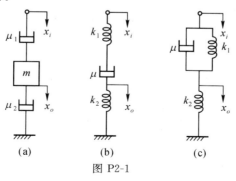

(a)　　　　(b)　　　　(c)

图 P2-1

2-2 在图 P2-2 所示系统中,外力 $f(t)$ 为输入,位移 $x(t)$ 为输出。试列写其运动方程。

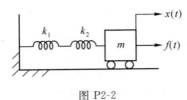

图 P2-2

2-3 若图 P2-3 所示机械系统的运动方程可表示成如下形式:

$$a_{11}x_1 + a_{12}x_2 = 0$$
$$a_{21}x_1 + a_{22}x_2 = f(t)$$

其中:x_1,x_2 分别为质量 m_1 和 m_2 的位移,$f(t)$ 为外力,试求带有微分算符的多项式 a_{11},a_{12},a_{21} 和 a_{22}。

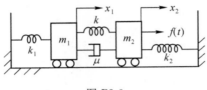

图 P2-3

2-4 求图 P2-4 所示电路的微分方程。图中电压 u_1 为输入,电压 u_2 为输出。

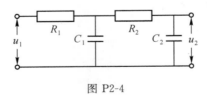

图 P2-4

2-5 求图 P2-5 所示电路的微分方程。图中电压 u_1 为输入,电压 u_2 为输出。

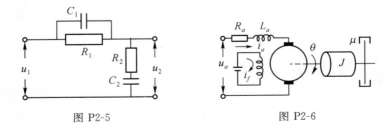

图 P2-5   图 P2-6

2-6 图 P2-6 所示为电枢控制式直流电动机,以电枢端电压 u_a 为输入,电动机转角 θ 为输出,列写其运动方程式。

2-7 图 P2-7 是直流调速系统的原理图。系统的控制输入为电压 u_r,电动机的角速度 ω 为输出。设电动机的角速度 ω 和它的输入电压 u_a 的关系为

$$T_m \frac{\mathrm{d}\omega}{\mathrm{d}t} + \omega = k_m u_a$$

试列写该系统的微分方程式。

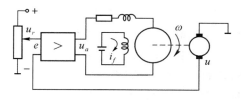

图 P2-7

2-8 画出如下机械系统的力(力矩)—电压相似回路。

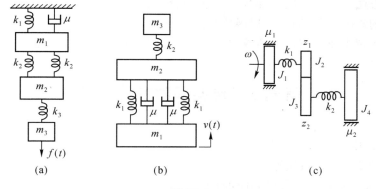

(a) (b) (c)

图 P2-8

2-9 对下列非线性方程进行线性化

(a) $Q = kx\sqrt{\dfrac{1}{\rho}(p_s - p_L)}$

式中,k, ρ 和 p_s 为常量。

(b) $Q = A\dfrac{\mathrm{d}h}{\mathrm{d}t} + f\sqrt{2gh}$

式中,A, f 和 g 为常量。

第三章 传递函数

求解描述系统运动的微分方程,可以得到系统在已知初始条件和外加作用下的动态响应表达式和响应曲线,因而可直观地反映系统的动态品质。为了求取满意的动态响应,可以改变系统的有关参数,重新进行计算。这是研究系统的一种时域方法。当应用计算机仿真时,时域法就具有更多的优越性。

在经典控制理论中,则广泛采用频率法或根轨迹法来分析研究系统。这些方法不像时域法那样采用求解微分方程,去直接研究系统参数对动态响应的影响,而是通过传递函数间接地分析系统参数对响应的影响。

本章主要介绍传递函数的有关概念以及求取系统传递函数的方法。

第一节 传递函数的基本概念

1. 传递函数的定义

设 $X(S)$ 是系统输入 $x(t)$ 在初始条件为零时的拉氏变换, $Y(S)$ 是系统输出 $y(t)$ 在初始条件为零时的拉氏变换。则线性定常系统的传递函数 $\Phi(S)$ 定义为:

$$\Phi(S) = \frac{Y(S)}{X(S)} \qquad (3-1)$$

即线性定常系统的传递函数是初始条件为零时,输出的拉氏变换与输入的拉氏变换之比。

面我们根据定义推导图 3-1 所示的质量－弹簧－阻尼系统的传递函数。

设系统的输入为外力 $x(t)$,输出为质量 m 的位移 $y(t)$。阻尼器的粘性摩擦系数为 μ,弹簧常数为 k。则根据牛顿定律可列出微分方程如下:

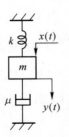

图 3-1 质量－弹簧－阻尼系统

$$m\frac{\mathrm{d}^2 y(t)}{\mathrm{d}t^2} + \mu\frac{\mathrm{d}y(t)}{\mathrm{d}t} + ky(t) = x(t)$$

令初始条件为零,对方程两边进行拉氏变换得

$$(mS^2 + \mu S + k)Y(S) = X(S)$$

根据定义,得系统的传递函数为:

$$\frac{Y(S)}{X(S)} = \frac{1}{mS^2 + \mu S + k}$$

对于线性定常系统,它的微分方程一般形式是

$$a_m \frac{\mathrm{d}^n y}{\mathrm{d}t^n} + a_{n-1} \frac{\mathrm{d}^{n-1} y}{\mathrm{d}t^{n-1}} + \cdots + a_1 \frac{\mathrm{d}y}{\mathrm{d}t} + a_0 y$$

$$= b_m \frac{\mathrm{d}^m x}{\mathrm{d}t^m} + b_{m-1} \frac{\mathrm{d}^{m-1} x}{\mathrm{d}t^{m-1}} + \cdots + b_1 \frac{\mathrm{d}x}{\mathrm{d}t} + b_0 x \qquad (n \geqslant m) \qquad (3\text{-}2)$$

式中,a_0,a_1,…a_n 及 b_0,b_1,…b_m 是由系统结构和参数决定的常数。

设初始条件为零,对方程(3-2)两边进行拉氏变换,得:

$$(a_n S^n + a_{n-1} S^{n-1} + \cdots + a_1 S + a_0) Y(S)$$

$$= (b_m S^m + b_{m-1} S^{m-1} + \cdots + b_1 S + b_0) X(S)$$

则系统的传递函数为:

$$\frac{Y(S)}{X(S)} = \frac{b_m S^m + b_{m-1} S^{m-1} + \cdots + b_1 S + b_0}{a_n S^n + a_{n-1} S^{n-1} + \cdots + a_1 S + a_0} = \frac{B(S)}{A(S)} \qquad (3\text{-}3)$$

2. 传递函数是由微分方程通过拉氏变换求得的。在拉氏变换中,像函数和原函数之间有着一一对应的关系。因此传递函数也和微分方程一样,包含了系统有关动态方面的信息。它是线性定常系统在复域里的数学模型。

3. 由方程(3-3)知,传递函数中各项系数值完全决定于系统本身的结构和参数,而与外作用的形式和大小无关。因此传递函数反映了系统本身的固有特性。

4. 系统的传递函数,是由所确定的输入和输出来定义的。对于同一个物理系统,当取其他变量作为输入和输出时,传递函数也就不一样了。另外,即使输入和输出还是原来所取的变量,但当对系统的简化程度不同时,得到的传递函数也就不同。

5. 由方程(3-3)可见,系统的传递函数是复变量 S 的有理分式。对实际系统来说,分子多项式的阶次 m 不高于分母多项式的阶次 n,即 $m \leqslant n$。这是由于实际系统中总是含有惯性元件的缘故。在系统的频率响应中,我们还将看到,这个条件的确是满足的。

6. 象函数的量纲是原函数的量纲与时间量纲的乘积。复变量 S 的量纲是时间量纲的倒数。传递函数的量纲,既是方程(3-3)所示的 S 的有理分式的量纲,也是与它相关的两个原函数的量纲之比。这些量纲的关系,可用来检查所求传递函数的正确性。

7. 由方程(3-1)知系统在单位脉冲函数作用下的输出为:

$$Y(S) = \Phi(S)X(S) = \Phi(S)L[\delta(t)]$$

因 $\qquad L[\delta(t)] = 1$

故 $\qquad Y(S) = \Phi(S)$ $\hfill$ (3-4)

即在单位脉冲函数作用下,系统输出的拉氏变换就是该系统的传递函数。

8. 系统的特征方程

方程(3-3)中的传递函数分母多项式

$$a_n S^n + a_{n-1} S^{n-1} + \cdots + a_1 S + a_0$$

称为特征多项式,而

$$a_n S^n + a_{n-1} S^{n-1} + \cdots + a_1 S + a_0 = 0 \qquad (3-5)$$

称为该传递函数所描述的线性定常系统的特征方程。特征方程的根是用来判断系统稳定性的依据。

9. 传递函数的零点和极点

方程(3-3)可以写成如下的形式:

$$\Phi(S) = \frac{Y(S)}{X(S)} = \frac{b_m(S-Z_1)(S-Z_2)\cdots(S-Z_m)}{a_n(S-P_1)(S-P_2)\cdots(S-P_n)} \qquad (3-6)$$

式中:a_n,b_m 为常数,Z_1,Z_2,$\cdots$,Z_m 称为传递函数的零点;P_1,P_2,$\cdots$,P_n 称为传递函数的极点。很显然,传递函数的极点也就是系统特征方程的根。零点和极点可以是实数或共轭复数。零点和极点在复平面上分布的情况,决定着系统响应的动态特性。

关于特征方程的根,即传递函数的极点对系统稳定性的影响以及传递函数的零点和极点共同对系统动态性能的影响,在以后有关章节中,还要详细地讨论。

第二节　　典型环节及其运动规律

控制系统种类繁多,构成系统的元件、部件更是多种多样。但不论它们是机械的、电气的、还是液压的,只要具有相同的数学模型,就具有相同的物理本质,相同的运动规律。另一方面,从数学观点看,像式(3-3)或式(3-6)所表示的传递函数,总可以把它分解成有限种类的因式之积。在这有限种类的因式中,每一种因式描述着输入、输出之间的某种典型运动规律。输入、输出之间具有这种典型运动规律的环节,称为典型环节。因此掌握这些典型环节的运动规律,将对系统动态特性的研究带来极大的方便。

一、典型环节的分类

对于式(3-6)表示的传递函数

$$\Phi(S) = \frac{b_m(S-Z_1)(S-Z_2)\cdots(S-Z_m)}{a_n(S-P_1)(S-P_2)\cdots(S-P_n)}$$

其零点和极点都可能包含实数、共轭复数或零。

对应于实数零点 $Z_i = -\theta_i$ 和实数极点 $P_q = -\varphi_q$ 的因式可以写成:

$$S - Z_i = S + \theta_i = \frac{1}{\tau_i}(\tau_i S + 1)$$

$$S - P_q = S + \varphi_q = \frac{1}{T_q}(T_q S + 1)$$

式中 $\quad \tau_i = \dfrac{1}{\theta_i}, T_q = \dfrac{1}{\varphi_q}$

对应于复数零点

$$Z_L = -(\alpha_L + j\beta_L), \quad Z_{L+1} = -(\alpha_L - j\beta_L)$$

和复数极点

$$P_M = -(\sigma_M + j\gamma_M), \quad P_{M+1} = -(\sigma_M - j\gamma_M)$$

的因式可以写成

$$(S - Z_L)(S - Z_{L+1}) = S^2 + 2\alpha_L S + (\alpha_L^2 + \beta_L^2)$$

$$= \frac{1}{\tau_{rL}^2 L}(\tau_{rL}^2 S^2 + 2\zeta_{rL}\tau_{rL}S + 1)$$

式中

$$\tau_{rL} = \frac{1}{\sqrt{\alpha_L^2 + \beta_L^2}}, \quad \zeta_{rL} = \frac{\alpha_L}{\sqrt{\alpha_L^2 + \beta_L^2}}$$

和 $\quad (S - P_M)(S - P_{M+1}) = S^2 + 2\sigma_M S + (\sigma_M^2 + \gamma_M^2)$

$$= \frac{1}{T_{dM}^2}(T_{dM}^2 S^2 + 2\zeta_{dM}T_{dM}S + 1)$$

式中

$$T_{dM} = \frac{1}{\sqrt{\sigma_M^2 + \gamma_M^2}}, \quad \zeta_{dM} = \frac{\sigma_M}{\sqrt{\sigma_M^2 + \gamma_M^2}}$$

当零点或极点为零时,其对应的因式就是 S。于是式(3-6)可表示成:

$$\Phi(S) = \frac{K\displaystyle\prod_{i=1}^{\mu}(\tau_i S + 1)\prod_{L=1}^{\rho}(\tau_{rL}^2 S^2 + 2\zeta_{rL}\tau_{rL}S + 1)}{S^V\displaystyle\prod_{q=1}^{\delta}(T_q S + 1)\prod_{M=1}^{\varepsilon}(T_{dM}^2 S^2 + 2\zeta_{dM}T_{dM}S + 1)} \tag{3-7}$$

式中
$$K = \frac{b_m}{a_n} \prod_{i=1}^{\mu} \frac{1}{\tau_i} \prod_{L=1}^{\rho} \frac{1}{\tau_{rL}^2} \prod_{q=1}^{\delta} T_q \prod_{M=1}^{\varepsilon} T_{dM}^2$$

符号 μ, δ 分别为实数零点个数和实数极点个数；ρ, ε 分别为复数零点对数和复数极点对数；υ 为零值极点数和零值零点数之差。

若考虑到传递函数的原函数起始于 $t = \tau$，则根据拉氏变换的实域中位移定理，此时传递函数为：

$$\Phi(S) = \frac{K \prod_{i=1}^{\mu} (\tau_i S + 1) \prod_{L=1}^{\rho} (\tau_{rL}^2 S^2 + 2\zeta_L \tau_{rL} S + 1)}{S^V \prod_{q=1}^{\delta} (T_q S + 1) \prod_{M=1}^{\varepsilon} (T_{dM}^2 S^2 + 2\zeta_{dM} T_{dM} S + 1)} e^{-\tau S} \qquad (3\text{-}8)$$

方程(3-8)表明，任何线性系统的传递函数都可由 8 种(或其中若干种)典型的因式所构成。也就是说，任何线性系统都可由 8 种(或其中若干种)典型环节所构成。这 8 种典型环节的传递函数如下：

(1) 放大环节(或比例环节)　　　　K

(2) 理想微分环节　　　　　　　　S

(3) 一阶微分环节　　　　　　　　$\tau S + 1$

(4) 二阶微分环节　　　　　　　　$\tau^2 S^2 + 2\zeta\tau S + 1$　　$(0 < \zeta < 1)$

(5) 积分环节　　　　　　　　　　$\dfrac{1}{S}$

(6) 惯性环节　　　　　　　　　　$\dfrac{1}{(TS + 1)}$

(7) 振荡环节　　　　　　　　$\dfrac{1}{(T^2 S^2 + 2\zeta TS + 1)}$　　$(0 < \zeta < 1)$

(8) 滞后环节　　　　　　　　　　$e^{-\tau S}$

二、典型环节的运动规律

这里我们主要讨论上述各种典型环节的输入输出之间的运动关系。在以后有关章节中，还要介绍它们的奈魁斯特图和波德图，以及它们和系统动态特性的关系。

1. 放大环节

放大环节又称为比例环节。这种环节的传递函数是

$$G(S) = \frac{Y(S)}{X(S)} = K \qquad (3\text{-}9)$$

即

$$Y(S) = KX(S)$$

对方程两边进行拉氏反变换得

$$y(t) = Kx(t) \tag{3-10}$$

式中，K 为环节的放大系数，$y(t)$ 为环节的输出，$x(t)$ 为环节的输入。

式（3-10）表明，这一环节的输出 $y(t)$ 不失真也不滞后地以一定的比例复现着输入 $x(t)$。故称这一环节为放大环节或比例环节。

图 3-2 表示一理想齿轮副。主动轮齿数为 z_1，从动轮齿数为 z_2，以主动轮转速 n_1 为输入，从动轮转速 n_2 为输出。因为是理想齿轮副，故不考虑齿侧间隙、传动件变形及惯性等。根据齿轮啮合原理知

$$z_2 n_2 = z_1 n_1$$

故得

$$n_2 = \frac{z_1}{z_2} n_1$$

可见这是一个放大环节。

2. 惯性环节

惯性环节的传递函数是

$$G(S) = \frac{Y(S)}{X(S)} = \frac{1}{TS+1} \tag{3-11}$$

上式可写成

$$(TS+1)Y(S) = X(S)$$

对上式进行拉氏反变换得：

$$T \frac{\mathrm{d}y(t)}{\mathrm{d}t} + y(t) = x(t) \tag{3-12}$$

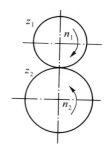

图 3-2　理想齿轮副

式中，T 为常数，其含义见后。

式（3-12）就是描述这一环节输入、输出之间运动关系的微分方程。设 $x(t)$ 为一单位阶跃函数，并且当 $t = 0$ 时 $y(t) = 0$，则解这一微分方程得

$$y(t) = 1 - \mathrm{e}^{-\frac{1}{T}t} \tag{3-13}$$

式（3-13）可用图 3-3 所示曲线表示。由图可见，这一环节的输出不能立即复现输入，而呈惯性效应。故称它为惯性环节。

由方程式（3-13）知

$$\frac{\mathrm{d}y(t)}{\mathrm{d}t}\Big|_{t=0} = \frac{1}{T}$$

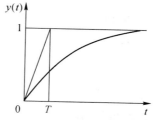

图 3-3　惯性环节的单位阶跃响应曲线

这就是说，常数 T 越小，环节的初始响应速度就越快。我们把表征响应速度快慢的这一常数 T 称为时间常数。惯性

环节的时间常数的物理含义还可以由图 3-3 看出，即：若响应速度保持其初始值不变，则输出达到稳态值 $y(\infty)$ 所需的时间就是时间常数 T。

图 3-4 所示的 RC 回路若以电压 V_i 为输入，电压 V_0 为输出，则根据克希霍夫定理，可写出该回路的微分方程如下：

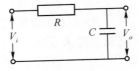

图 3-4 RC 回路

$$RC \frac{\mathrm{d}V_0}{\mathrm{d}t} + V_0 = V_i$$

将此方程和式（3-12）对比可知，该 RC 回路是惯性环节。

设 J 为图 3-5 所示机械转动系统中转子的转动惯量，μ 为粘性摩擦系数；又设转矩 M 为输入，转子的角速度 ω 为输出，则根据牛顿定律可写出它的运动方程如下：

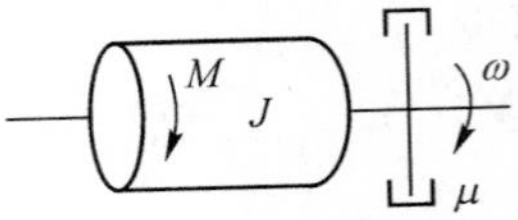

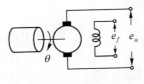

图 3-5   机械转动系统

$$J \frac{\mathrm{d}\omega}{\mathrm{d}t} + \mu\omega = M$$

可知，这也是惯性环节。

以上讨论表明，惯性环节的输出之所以不能立即复现输入，是因为这种环节含有一个储能元件（如电容器或转子）的缘故。

3. 理想微分环节

理想微分环节的传递函数是

$$G(S) = \frac{Y(S)}{X(S)} = S \tag{3-14}$$

故其运动方程为：

$$y(t) = \frac{\mathrm{d}x(t)}{\mathrm{d}t} \tag{3-15}$$

方程（3-15）表明，理想微分环节的输出与输入的一阶导数成正比。

作为测速发电机用的直流发电机（如图 3-6 所示）可当成一个理想微分环节。因为对于该发电机有

$$e_a = K'\varphi \frac{\mathrm{d}\theta}{\mathrm{d}t}$$

式中：K' 为常量。又当激磁电压 e_f 恒定时，激磁电流也不变，因而气隙磁通 φ 也是常量。故作为输出的发电机电枢电压 e_a 便与作为输入的待测角位移 θ 的一阶导数成正比，即

$$e_a = K \frac{\mathrm{d}\theta}{\mathrm{d}t}$$

图 3-6   测速发电机

式中：$K = K'\varphi$。

由方程(3-15)知，若输入为阶跃函数，则理想微分环节的输出将是一个幅值为无穷大、时间宽度为零的脉冲。这在实际上是不可能的。所以在实际应用中所采用的微分环节是具有传递函数为

$$G(S) = \frac{Y(S)}{X(S)} = \frac{TS}{TS + 1} \qquad (3-16)$$

的实际微分环节。上式中 T 为常数。从方程(3-16)可知，只有当 $|TS| \ll 1$ 时，实际微分环节才接近于理想微分环节。

实际微分环节的运动方程可从式(3-16)求得如下：

$$T\frac{\mathrm{d}y(t)}{\mathrm{d}t} + y(t) = T\frac{\mathrm{d}x(t)}{\mathrm{d}t} \qquad (3-17)$$

图 3-7 表示一 RC 回路，若设 u_i 为输入，u_0 为输出，则这一回路就是一个实际微分环节。因为

$$u_i = \frac{1}{C}\int i\,\mathrm{d}t + iR$$

$$i = \frac{u_0}{R}$$

故

$$u_i = \frac{1}{RC}\int u_0\,\mathrm{d}t + u_0$$

即

$$RC\frac{\mathrm{d}u_0}{\mathrm{d}t} + u_0 = RC\frac{\mathrm{d}u_i}{\mathrm{d}t}$$

可见这是一个实际微分环节的微分方程。

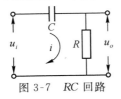

图 3-7　RC 回路

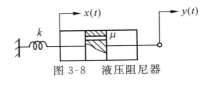

图 3-8　液压阻尼器

再观察一下图 3-8 所示的液压阻尼器。设缸体的位移 $x(t)$ 为输入，活塞的位移 $y(t)$ 为输出，阻尼器的阻尼系数为 μ，弹簧常数为 k，若不计活塞的质量，则根据活塞受力平衡条件可得

$$\mu\frac{\mathrm{d}}{\mathrm{d}t}\big[x(t) - y(t)\big] = ky(t)$$

整理得

$$\frac{\mu}{k}\frac{\mathrm{d}y(t)}{\mathrm{d}t} + y(t) = \frac{\mu}{k}\frac{\mathrm{d}x(t)}{\mathrm{d}t}$$

可见这一阻尼器也是一个实际微分环节。

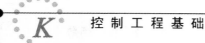

4. 积分环节

积分环节的传递函数为

$$G(S) = \frac{Y(S)}{X(S)} = \frac{1}{S} \tag{3-18}$$

故它的运动方程为

$$y(t) = \int x(t)\mathrm{d}t \tag{3-19}$$

或

$$\frac{\mathrm{d}y(t)}{\mathrm{d}t} = x(t) \tag{3-20}$$

方程(3-19)和(3-20)说明，积分环节的输出与输入对时间的积分成正比。或者说，输出对时间的变化率与输入成正比。

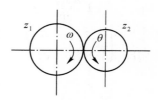

图 3-9　理想齿轮副

对于图 3-9 所示的理想齿轮副，z_1，z_2 分别为主动轮和从动轮的齿数。若以主动轮角速度 ω 为输入，从动轮转角 θ 为输出，则

$$\theta = \frac{z_1}{z_2} \int \omega \mathrm{d}t$$

可见这是一个积分环节。

5. 振荡环节

振荡环节的传递函数是

$$G(S) = \frac{Y(S)}{X(S)} = \frac{1}{T^2 S^2 + 2\zeta TS + 1} \tag{3-21}$$

故其运动方程为

$$T^2 \frac{\mathrm{d}^2 y(t)}{\mathrm{d}t^2} + 2\zeta T \frac{\mathrm{d}y(t)}{\mathrm{d}t} + y(t) = x(t) \tag{3-22}$$

式中，T 为常数；ζ 为阻尼比($0 < \zeta < 1$)，它是实际阻尼系数对临界阻尼系数的比值。如令 $\omega_n = \frac{1}{T}$，则方程(3-22)可写成

$$\frac{\mathrm{d}^2 y(t)}{\mathrm{d}t^2} + 2\zeta \omega_n \frac{\mathrm{d}y(t)}{\mathrm{d}t} + \omega_n^2 y(t) = \omega_n^2 x(t) \tag{3-23}$$

故这个环节的传递函数也可写成

$$G(S) = \frac{Y(S)}{X(S)} = \frac{\omega_n^2}{S^2 + 2\zeta \omega_n S + \omega_n^2} \tag{3-24}$$

上两式中，ω_n 称为无阻尼自然频率。

ζ 和 ω_n 是振荡环节的两个重要参数，它们直接影响着环节的响应特性。这一环节之所以称为振荡环节，是因为当 $0 < \zeta < 1$ 时，在阶跃输入作用下，

环节的输出表现为衰减振荡的缘故。这在以后我们还要详细讨论。

图 3-10 表示 LRC 回路,设电压 u_i 为输入,电压 u_0 为输出,则其微分方程可推导如下。根据克希霍夫定律有

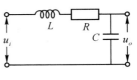

图 3-10 LRC 回路

$$u_i = L\frac{\mathrm{d}i}{\mathrm{d}t} + Ri + \frac{1}{C}\int i\,\mathrm{d}t$$

又

$$u_0 = \frac{1}{C}\int i\,\mathrm{d}t$$

故

$$LC\frac{\mathrm{d}^2 u_o}{\mathrm{d}t^2} + RC\frac{\mathrm{d}u_0}{\mathrm{d}t} + u_o = u_i$$

可知对于本回路有

$$\omega_n = \sqrt{\frac{1}{LC}}, \quad \zeta = \frac{R}{2}\sqrt{\frac{C}{L}}$$

并知当 $R < 2\sqrt{\dfrac{L}{C}}$ 时,回路为一振荡环节。

我们在上一节中讨论过质量 - 弹簧 - 阻尼系统,并求得其运动方程为

$$m\frac{\mathrm{d}^2 y(t)}{\mathrm{d}t^2} + \mu\frac{\mathrm{d}y(t)}{\mathrm{d}t} + ky(t) = x(t)$$

故其

$$\omega_n = \sqrt{\frac{k}{m}}, \quad \zeta = \frac{\mu}{2\sqrt{mk}}$$

当 $\mu < 2\sqrt{mk}$ 时,它也是一个振荡环节。

从这两个例子看到,振荡环节的特点是它包含有两种不同形式的储能元件,能量在它们之间相互转换,从而造成了输出的振荡。

6. 一阶微分环节

一阶微分环节的传递函数是

$$G(S) = \frac{Y(S)}{X(S)} = \tau S + 1 \tag{3-25}$$

故其运动方程为

$$y(t) = \tau\frac{\mathrm{d}x(t)}{\mathrm{d}t} + x(t) \tag{3-26}$$

式中,τ 为常数。由方程(3-26)知,一阶微分环节的输出与输入及其一阶导数有关。

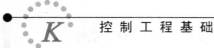

7. 二阶微分环节

二阶微分环节的传递函数是

$$G(S) = \frac{Y(S)}{X(S)} = \tau^2 S^2 + 2\zeta\tau S + 1 \tag{3-27}$$

故其运动方程为

$$y(t) = \tau^2 \frac{\mathrm{d}^2 x(t)}{\mathrm{d}t^2} + 2\zeta\tau \frac{\mathrm{d}x(t)}{\mathrm{d}t} + x(t) \tag{3-28}$$

式中,τ 为常数;ζ 为阻尼比。

方程(3-28)表明,二阶微分环节的输出不但和输入及其一阶导数有关,同时还和输入的二阶导数有关。另外还可以发现,当方程

$$\tau^2 S^2 + 2\zeta\tau S + 1 = 0$$

具有实根时,式(3-27)或式(3-28)所描述的环节,就不是二阶微分环节。因为这时它实际上是两个一阶微分环节的串联。

8. 滞后环节

滞后环节的传递函数是

$$G(S) = \frac{Y(S)}{X(S)} = \mathrm{e}^{-\tau S} \tag{3-29}$$

故其运动方程为

$$y(t) = x(t - \tau) \tag{3-30}$$

式中,τ 为滞后时间。方程(3-30)说明,滞后环节的输出要滞后一段时间才能复现输入。

通过上面的讨论我们已经知道,不论构成控制系统的元件、部件的具体结构如何,只要它们具有相同的数学模型,就具有相同的运动规律。另外,典型环节与具体元件、部件之间并不存在一一对应的关系。一个控制元件不一定就是一个典型环节,也可能是几个典型环节的组合。同样,一个典型环节也可能是几个实际元件、部件的组合。

第三节　　动态方块图及系统的传递函数

动态方块图简称为方块图,是系统中各个环节的功能及信号转换和传输关系的一种图式表示。方块图包含了与系统动态特性有关的信息,是系统动态特性的图式描述,也是系统的一种数学模型。目前已经有不少面向方块图的仿真软件,它可以直接接受系统的方块图,利用计算机对系统的动态性能进行仿真。

方块图也是求取系统传递函数的一种有效手段。利用方块图简化或借助梅逊公式，能够比较方便地从方块图求得系统的传递函数。

一、方块图符号

1. 方块图单元

系统方块图，是由描述元件或环节输入 — 输出关系的方块图单元构成的。方块图单元（又简称方块）用图 3-11 的符号表示。方块图单元包含如下信息：

图 3-11　方块图单元

信号流向：在方块图中信号传送方向用箭头表示。在控制系统的方块图中，信号只沿单向传送。

输入信号：箭头指向方块的信号代表输入信号，如图 3-11 中的 $X(S)$。

输出信号：箭头离开方块的信号代表输出信号，如图 3-11 中的 $Y(S)$。

输入 — 输出关系：图 3-11 所示的方块图单元表示如下的输入 — 输出关系：

$$Y(S) = G(S)X(S)$$

式中 $G(S)$ 即为该方块图单元所描述的环节的传递函数。

2. 加法点

加法点又称为比较点，其代表符号如图 3-12 所示。图（a）的含义是

$$Y(S) = X(S) + B(S)$$

图（b）的含义是

$$Y(S) = X(S) - B(S)$$

很明显，与加法点相连的各个信号具有相同的量纲。

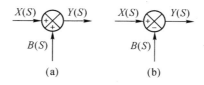

图 3-12　加法点

3.引出点

引出点又称分支点，它用图 3-13 所示的符号表示。与引出点相连的各个信号，量纲相同，大小相等。

图 3-13　引出点

二、闭环控制系统的典型方块图

图 3-14 表示了一个在参考输入和干扰共同作用下的系统的方块图。作用在输入端的 $R(S)$ 称为参考输入或给定值。另外系统还受到了干扰 $N(S)$ 的作用。干扰一般作用在受控对象上。系统的输出 $Y_s(S)$ 是参考输入和干扰对系统共同作用的结果。

根据方块图的符号约定,从图 3-14 所示的闭环控制系统的典型方块图可以导出一些关系式。这些关系式在系统性能分析时经常要用到。

1. 向前通道传递函数

从参考输入到输出的通道称为向前通道。向前通道上的各传递函数之积称为向前通道传递函数。即

$$G(S) = G_1(S)G_2(S)$$

式中:$G(S)$ 就是向前通道传递函数。

2. 反馈通道传递函数

由 $Y_s S$ 到 $B(S)$ 的通道称为反馈通道。反馈通道上各传递函数之积,称为反馈通道传递函数。图 3-14 中的 $H(S)$ 就是反馈通道传递函数。即

$$H(S) = \frac{B(S)}{Y_s(S)}$$

式中,$B(S)$ 为反馈信号。

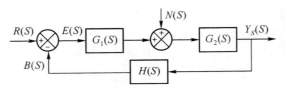

图 3-14　系统的典型方块图

3. 偏差信号

偏差信号 $E(S)$ 是指参考输入信号 $R(S)$ 与反馈信号 $B(S)$ 之差。即

$$E(S) = R(S) - B(S) \tag{3-31}$$

4. 开环传递函数

系统的开环传递函数定义为向前通道传递函数 $G(S)$ 与反馈通道传递函数 $H(S)$ 的乘积。也就是 $B(S)$ 与 $E(S)$ 的比值:

$$G(S)H(S) = G_1(S)G_2(S)H(S) = \frac{B(S)}{E(S)} \tag{3-32}$$

系统的开环传递函数不是指开环系统的传递函数。以后我们会讲到,在

分析闭环系统的性能时,并不一定要求取系统的闭环传递函数。在许多场合,我们可以利用开环传递函数 $G(S)H(S)$ 来分析闭环系统的性能。

5. 在参考输入 $R(S)$ 作用下的闭环传递函数

当仅考虑参考输入 $R(S)$ 与输出的关系时,可令 $N(S) = 0$。于是图 3-14 的方块图可简化成图 3-15 所示。从这一方块图可知

$$Y(S) = [R(S) - B(S)]G_1(S)G_2(S)$$

和

$$B(S) = Y(S)H(S)$$

故得在参考输入 $R(S)$ 作用下的闭环传递函数

$$\Phi(S) = \frac{Y(S)}{R(S)} - \frac{G_1(S)G_2(S)}{1 + G_1(S)G_2(S)H(S)} \tag{3-33}$$

设 $G_1(S)G_2(S) = G(S)$,得

$$\Phi(S) = \frac{Y(S)}{R(S)} = \frac{G(S)}{1 + G(S)H(S)} \tag{3-34}$$

方程(3-34)表明,若 $|G(S)H(S)| \gg 1$,则

$$\frac{Y(S)}{R(S)} \approx \frac{1}{H(S)} \tag{3-35}$$

也就是说,在这种情况下,向前通道传递函数的变化,对 $\Phi(S)$ 没有多大影响。又若系统为单位反馈系统,即 $H(S) = 1$,则系统的输出便与输入趋于相等。

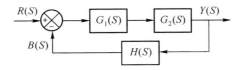

图 3-15　在 $R(S)$ 作用下的系统方块图

6. 在干扰 $N(S)$ 作用下的闭环传递函数

当仅考虑干扰 $N(S)$ 与输出的关系时,可令 $R(S) = 0$。这时可将图 3-14 的方块图画成如图 3-16 所示。于是可得系统在干扰作用下的传递函数为

$$\Phi_N(S) = \frac{Y_N(S)}{N(S)} = \frac{G_2(S)}{1 + G_1(S)G_2(S)H(S)} \tag{3-36}$$

由式(3-36)知,若 $|G_1(S)G_2(S)H(S)| \gg 1$ 和 $|G_1(S)H(S)| \gg 1$。则 $\Phi_N(S)$ 便趋于零,因而有效地抑制了干扰的影响。

7. 系统在参考输入 $R(S)$ 和干扰 $N(S)$ 同时作用下的输出

因为所讨论的是线性系统,故在参考输入 $R(S)$ 和干扰 $N(S)$ 同时作用下的输出 $Y_s(S)$,可根据叠加原理求得:

图 3-16　在 $N(S)$ 作用下的系统方块图

$$Y_S(S) = Y(S) + Y_N(S)$$

由式(3-33)得

$$Y(S) = \frac{G_1(S)G_2(S)}{1 + G_1(S)G_2(S)H(S)}R(S)$$

由式(3-36)得

$$Y_N(S) = \frac{G_2(S)}{1 + G_1(S)G_2(S)H(S)}N(S)$$

故得

$$Y_S(S) = \frac{G_2(S)}{1 + G_1(S)G_2(S)H(S)}[G_1(S)R(S) + N(S)] \qquad (3-37)$$

8. 在参考输入作用下系统的偏差传递函数

我们将 $E(S)$ 对 $R(S)$ 之比称为在参考输入作用下系统的偏差传递函数。为求这一传递函数,可令 $N(S) = 0$,因而图 3-14 所示的方块图可画成图 3-17 所示的形式。由图可求得偏差传递函数如下:

$$\frac{E(S)}{R(S)} = \frac{1}{1 + G_1(S)G_2(S)H(S)} \qquad (3-38)$$

式(3-38)可用来分析随动系统的误差。

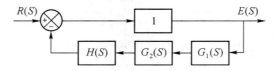

图 3-17　在 $R(S)$ 作用下的偏差传递函数方块图

9. 在干扰作用下的系统偏差传递函数

在干扰作用下的系统偏差传递函数定义为 $E(S)$ 对 $N(S)$ 之比。求取这一传递函数时,可令 $R(S) = 0$,故可将图 3-14 的方块图画成如图 3-18 所示。由图可求得偏差传递函数如下:

$$\frac{E(S)}{N(S)} = \frac{-G_2(S)H(S)}{1 + G_1(S)G_2(S)H(S)} \qquad (3-39)$$

在恒值控制系统中,参考输入是个常量,系统的误差主要由干扰引起。故方程(3-39)可用来分析恒值控制系统的误差。

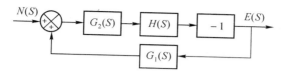

图 3-18　在 $N(S)$ 作用下的偏差传递函数方块图

10. 参考输入 $R(S)$ 和干扰 $N(S)$ 共同作用下的系统偏差

在参考输入 $R(S)$ 和干扰 $N(S)$ 共同作用下的系统偏差,可根据叠加原理由式(3-38)和式(3-39)求得:

$$E(S) = \frac{1}{1 + G_1(S)G_2(S)H(S)}[R(S) - G_2(S)H(S)N(S)]$$

$$(3-40)$$

三、系统方块图的绘制

绘制系统方块图,一般按如下步骤进行:

（1）列写系统各组成部分的运动方程;

（2）在零初始条件下,对各方程进行拉氏变换,并整理成输入输出关系式;

（3）将每一个输入输出关系式用方块图单元表示;

（4）将各方块图单元中相同的信号连接起来,并将系统的输入画在左侧,输出画在右侧。下面以具体例子加以说明。

【例 3-1】　绘制图 3-19 所示的质量 - 弹簧 - 阻尼系统的方块图。系统中外力 $f(t)$ 为输入,质量 m_2 的位移 $x_2(t)$ 为输出。

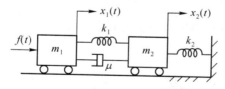

图 3-19　质量 - 弹簧 - 阻尼系统

解: 首先列出系统各组成部分的运动方程

对于弹簧有:

$$f_{s1} = k_1(x_1 - x_2)$$

$$f_{s2} = k_2 x_2$$

式中,f_{s1},f_{s2} 为弹簧作用力;k_1,k_2 为弹簧常数;x_1,x_2 为质量 m_1 和 m_2 的

位移。

对于阻尼器有：

$$f_f = \mu(\frac{\mathrm{d}x_1}{\mathrm{d}t} - \frac{\mathrm{d}x_2}{\mathrm{d}t})$$

式中，f_f 为阻尼器的粘性摩擦力；μ 为阻尼器的粘性摩擦系数。对于质量有：

$$f - f_{S1} - f_f = m_1 \frac{\mathrm{d}^2 x_1}{\mathrm{d}t^2}$$

$$f_{S1} + f_f - f_{S2} = m_2 \frac{\mathrm{d}^2 x_2}{\mathrm{d}t^2}$$

将上述方程在零初始条件下进行拉氏变换，并整理成输入输出关系式得：

$$F_{S1} = k_1(X_1 - X_2)$$
$$F_{S2} = k_2 X_2$$
$$F_f = \mu S(X_1 - X_2)$$
$$X_1 = \frac{1}{m_1 S^2}(F - F_{S1} - F_f)$$
$$X_2 = \frac{1}{m_2 S^2}(F_{S1} + F_f - F_{S2})$$

分别将上述输入输出关系式用方块图单元表示（见图 3-20）：

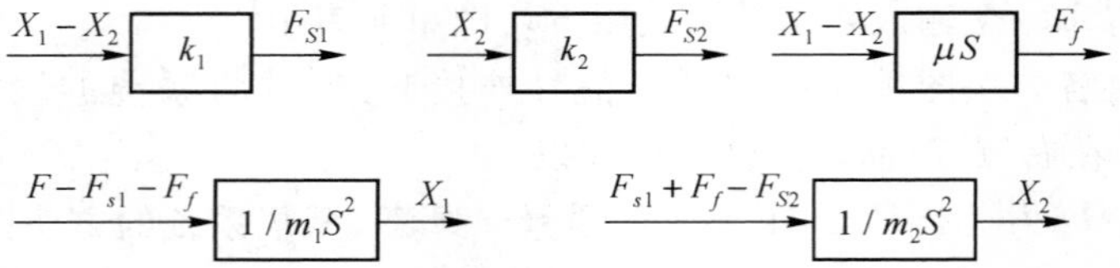

图 3-20 质量 - 弹簧 - 阻尼系统的方块图单元

最后利用加法点和引出点将上述 5 个方块图单元连接起来，即构成系统方块图（见图 3-21）。

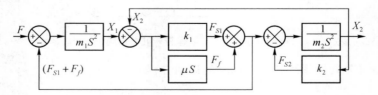

图 3-21 质量 - 弹簧 - 阻尼系统的方块图

【例 3-2】 绘制图 3-22 所示的电枢控制式直流电动机的方块图。在这个系统中激磁电流 i_f 保持常量，电枢电压为输入，电动机轴转角为输出。

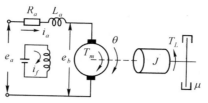

图 3-22 电枢控制式直流电动机

解:首先列写各环节的运动方程。

当电枢加上电压 e_a 后,即产生电流 i_a,因而产生电磁转矩 T_m 驱动电枢克服阻力矩 T_L 带动负载旋转。电枢旋转时,又在电枢感应出反电势 e_b。因此可列出电枢电路方程如下:

$$L_a \frac{\mathrm{d}i_a}{\mathrm{d}t} + R_a i_a + e_b = e_a$$

式中,L_a 为电枢绕组的电感;R_a 为电枢绕组的电阻。

反电势的大小与磁通和电枢旋转角速度的乘积成正比。当磁通固定不变时,反电势 e_b 与电枢的角速度 $\frac{\mathrm{d}\theta}{\mathrm{d}t}$ 成正比,即

$$e_b = k_b \frac{\mathrm{d}\theta}{\mathrm{d}t}$$

式中,k_b 为反电势常数。

电动机转子的运动方程是

$$J \frac{\mathrm{d}^2\theta}{\mathrm{d}t^2} + \mu \frac{\mathrm{d}\theta}{\mathrm{d}t} + T_L = T_m$$

式中,J 为电动机转子和负载折算到电机轴上的转动惯量;μ 为粘性阻尼系数;T_L 为负载转矩;T_m 为电枢电磁转矩。

电枢电磁转矩与电枢电流和激磁磁通的乘积成正比。当激磁电流不变时,激磁磁通也是常量。因此电磁转矩 T_m 就与电枢电流 i_a 成正比。即

$$T_m = k_m i_a$$

式中,k_m 为电动机的电磁转矩系数。

对上述 4 个方程在零初始条件下进行拉氏变换并整理成输入输出关系式得:

$$I_a(S) = \frac{1}{L_a S + R_a}[E_a(S) - E_b(S)]$$

$$E_b(S) = k_b S\theta(S)$$

$$\theta(S) = \frac{1}{JS^2 + \mu S}[T_m(S) - T_L(S)]$$

$$T_m(S) = k_m I_a(S)$$

上述输入输出关系式可用图 3-23 所示的方块图单元表示。将方块图单元中相同的信号连接起来,即得图 3-24 所示的系统方块图。

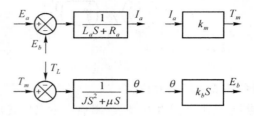

图 3-23　电枢控制式直流电动机的方块图单元

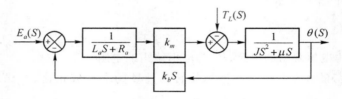

图 3-24　电枢控制式直流电动机的方块图

【例 3-3】　图 3-25 所示回路中,u_i 为输入,u_0 为输出。试画出其方块图。

解:对于一般比较简单的电路,可利用如下关系式:

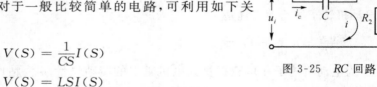

图 3-25　RC 回路

$$V(S) = \frac{1}{CS}I(S)$$

$$V(S) = LSI(S)$$

$$V(S) = RI(S)$$

和串联、并联关系直接画出方块图,而不必列出微分方程。上述各式中,$V(S)$ 为电压 $v(t)$ 的拉氏变换;$I(S)$ 为电流 $i(t)$ 的拉氏变换;C、L、R 分别为电容,电感和电阻。

对于本例题,有如下关系:作用在 R_1 和 C 上的电压为 u_i 和 u_0 之差;该电压作用在 R_1 上产生电流 i_R,作用在 C 上产生电流 i_c,电流 i_R 和 i_c 之和就是总电流 i,电流 i 通过电阻 R_2 产生电压降 u_0。于是可画出该回路的方块图如图 3-26 所示。

本例题的方块图也可画成图 3-27 所示的形式。可见对于一个元部件或系统,它的方块图可画成多种形式。虽然如此,但图 3-26 所示的却是一个比较好的形式。因为它和图 3-25 的 RC 回路有较好的对应关系,同时也比较简洁。

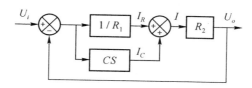

图 3-26　图 3-25 回路的方块图

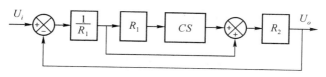

图 3-27　图 3-25 回路的方块图

四、利用方块图的简化求取系统的传递函数

方块图的简化是通过方块图的等效变换和方块图的运算法则来实现的。

（一）方块图的等效变换

方块图的等效变换是指在保持方块图原来输入输出关系不变的条件下，进行局部变换，以便将原来错综复杂的方块图变换成具有局部反馈、串联和并联连接的方块图。等效变换主要是通过变换加法点和引出点的位置来实现。有时还可以变换方块的位置。

1. 引出点位置的变换

引出点可以在不跨越加法点或方块的情况下随意变换位置。也可以跨越加法点或方块变换位置。但在后一种情况下，应采取相应措施使变换后引出线所引出的信号和变换前的相同（参看图 3-28）。

图 3-28(a) 表示原引出点位置在加法点之前，引出信号为 A。当引出点变换到加法点之后时，引出信号变为 $A+B$，为保持原引出信号不变，应将引出的信号减去信号 B。图 3-28(b) 表示引出点由加法点之后移到加法点之前的变换。图 3-28(c) 和(d) 分别表示引出点向后和向前跨越方块时的等效变换。

2. 加法点位置的变换

加法点位置在不跨越方块的情况下，可随意前后交换。这时只是改变求和的顺序，而不改变最终结果，如图 3-29(a) 所示。当跨越方块变换加法点位置时，应采取相应措施，使变换后的输出和变换前的相同。图 3-29(b) 和(c)

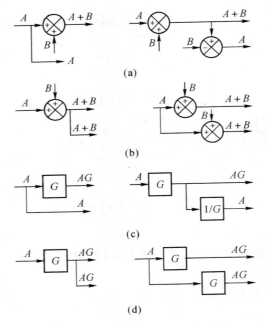

图 3-28 引出点位置的等效变换

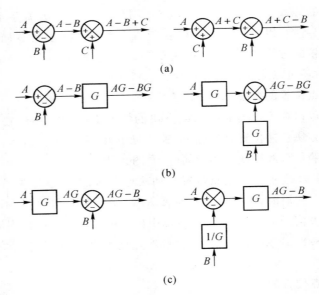

图 3-29 加法点位置的等效变换

分别表示加法点向后和向前跨越方块时的等效变换。

3.方块位置的变换

图 3-30 表示了两种改变方块位置的等效变换。图 3-30(a) 表示加法点在后时将非单位并联变换成单位并联。图 3-30(b) 则表示加法点在前时，将非单位反馈变换成单位反馈。

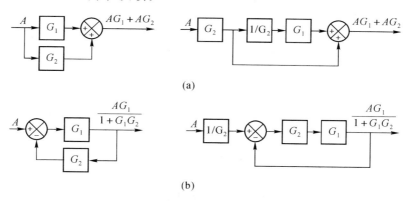

(a)

(b)

图 3-30　方块位置的等效变换

4.方块图等效变换的准则

对方块图进行变换时，必须遵循以下准则：

(1) 向前通道中各传递函数的乘积不变；

(2) 反馈回路中各传递函数的乘积不变。

(二)方块图的运算法则

当方块图经等效变换成具有局部反馈、串联和并联的连接形式后，就可应用方块图的运算法则，将它进一步简化，从而求出系统的传递函数。

1.串联运算法则

当各个方块串联时，其串联后的总传递函数等于各方块传递函数之积。

图 3-31(a) 中前一方块的输出即为后一方块的输入。这种连接方式称为串联。根据方块图定义，对于图 3-31(a) 所示的串联连接有：

$$A = G_1 X$$
$$B = G_2 A = G_1 G_2 X$$
$$Y = G_3 B = G_1 G_2 G3 X$$

于是总的传递函数为

$$\frac{Y}{X} = G_1 G_2 G_3$$

故可将图 3-31(a) 的方块图简化成为图 3-31(b) 所示。

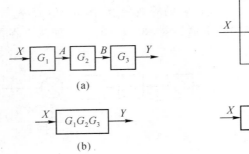

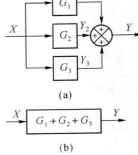

图 3-31　串联方块的简化　　　图 3-32　并联方块的简化

2. 并联运算法则

当各个方块并联时,其并联后的总传递函数等于各方块传递函数之代数和。

图 3-32(a) 中,各个方块的输入有共同接点,而输出通过加法点相加,方块的这种连接方式称为并联。根据方块图定义,对于图 3-32(a) 所示的并联连接有:

$$Y_1 = G_1 X$$
$$Y_2 = G_2 X$$
$$Y_3 = G_3 X$$
$$Y = Y_1 + Y_2 + Y_3 = (G_1 + G_2 + G_3) X$$

故总的传递函数为

$$\frac{Y}{X} = G_1 + G_2 + G_3$$

于是可将图 3-32(a) 的方块图简化成图 3-32(b) 所示。

3. 反馈运算法则

以前已经讲过,如图 3-33(a) 所示的连接形式称为反馈连接。方块反馈连接时,其总的传递函数按下式计算:

$$\frac{Y}{X} = \frac{G}{1 + GH}.$$

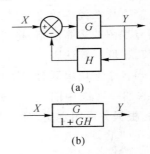

图 3-33　反馈连接方块的简化

故可将图 3-33(a) 的方块图简化成图 3-33(b) 所示。

下面利用方块图的等效变换和运算法则来简化方块图以求取系统的传递函数。为叙述方便起见,用具体例子加以说明。

【例 3-4】　用简化方块图的方法,求图 3-34(a) 所示系统的传递函数。

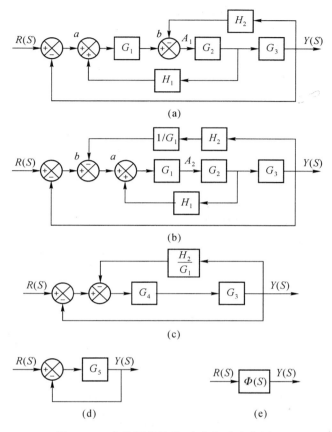

图 3-34 方块图的简化（变换加法点位置）

解：为使原方块图变换成具有局部反馈连接，将加法点 b 向前移到加法点 a 之前，如图（b）所示。由于加法点移动跨越了方块 G_1，故在反馈通道上应串以传递函数 $1/G_1$，以便使方块 G_2 在变换前的输入信号 A_1 与变换后的输入信号 A_2 相等。该反馈回路的传递函数之积变换前、后相等，故符合变换准则。

将图（b）中的局部反馈连接进行简化，即得图（c）。其中

$$G_4 = \frac{G_1 G_2}{1 - G_1 G_2 H_1}$$

最后可将图（c）简化成图（d）和图（e）。在最后两个方块图中

$$G_5 = \frac{G_3 G_4}{1 + G_3 G_4 \dfrac{H_2}{G_1}}$$

$$\Phi(S) = \frac{G_5}{1 + G_5}$$

将 G_4，G_5 代入最后一式，即得系统的总传递函数为

$$\Phi(S) = \frac{Y(S)}{R(S)} = \frac{G_1 G_2 G_3}{1 - G_1 G_2 H_1 + G_2 G_3 H_2 + G_1 G_2 G_3}$$

上式可写成

$$\Phi(S) = \frac{P}{1 - \sum_{i=1}^{n} L_i} \qquad (3\text{-}41)$$

式中，n 为反馈回路数；P 为向前通道传递函数；L_i 为第 i 条反馈回路传递函数。

可见，当方块图只有一条向前通道，同时所有反馈回路都相互接触时，可直接用公式(3-41)求取它的总传递函数。

【例 3-5】 用简化方块图的方法，求图 3-35(a) 所示系统的传递函数。

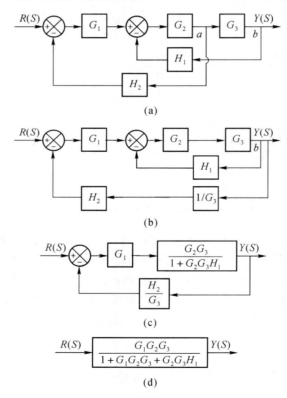

图 3-35 方块图的简化(变换引出点位置)

解：对于本例题，或者将引出点 a 跨越方块 G_3 向右移，或者将引出点 b 跨越方块 G_3 向左移，都能使原方块图变换成具有局部反馈连接的形式。这里采

用将引出点 a 右移的方案。为使引出信号不变,需在反馈通道中串联一个方块 $\frac{1}{G_3}$。于是将图(a)变换成图(b)。其反馈回路中各传递函数的乘积在变换前、后都是 $-G_1G_2H_2$,故符合变换准则。

根据串联和反馈运算法则,可以很容易地将方块图逐步简化到图(d)所示。故得系统的总传递函数为

$$\frac{Y(S)}{R(S)} = \frac{G_1G_2G_3}{1 + G_1G_2H_2 + G_2G_3H_1}$$

可见,本例的系统也可直接用公式(3-41)计算出总的传递函数。

【例 3-6】　用简化方块图的方法,求图 3-36 所示的系统的传递函数。

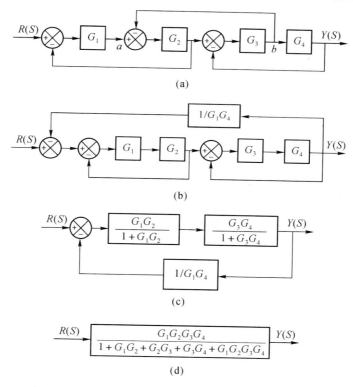

图 3-36　方块图的简化(变换加点法点和引出点位置)

解: 对于本例题,将加法点 a 跨越方块 G_1 左移,将引出点 b 跨越方块 G_4 右移,并在反馈通道中串联方块 $\frac{1}{G_1G_4}$ 后,就可根据串联和反馈运算法则,很容易地逐步简化到图(d)所示。故得系统的总传递函数为

$$\frac{Y(S)}{R(S)} = \frac{G_1 G_2 G_3 G_4}{1 + G_1 G_2 + G_2 G_3 + G_3 G_4 + G_1 G_2 G_3 G_4}$$

可见这个系统不能用公式(3-41)直接求出它的总传递函数,其原因在于在这个系统中,有两个相互不接触的回路。对于这种系统的传递函数,可用下面介绍的梅逊公式由方块图直接求得。

五、利用梅逊公式由方块图直接求取系统的传递函数

对于连接关系比较复杂的方块图,利用简化的方法求取系统的传递函数,有时还是比较复杂的。利用梅逊公式则可由方块图直接求取系统的传递函数,而不用对方块图进行简化。

梅逊公式可表示如下:

$$\Phi(S) = \frac{Y(S)}{R(S)} = \frac{1}{\Delta} \sum P_k \Delta_k \tag{3-42}$$

式中,$\Phi(S)$ 为系统的传递函数;Δ 为特征式,$\Delta = 1 - \sum L_a + \sum L_b L_c - \sum L_d L_e L_f + \cdots$;$L_a$ 为反馈回路传递函数(负反馈时为负值);$L_b L_c$ 为两个反馈回路相互不接触时,该两反馈回路的传递函数之积;$L_d L_e L_f$ 为三个反馈回路相互不接触时,该三反馈回路的传递函数之积;P_k 为第 k 条向前通道传递函数;Δ_k 为从 Δ 中弃掉与第 k 条向前通道相接触的回路的相关项后的余项。

下面通过例题说明梅逊公式的应用。

【例 3-7】 利用梅逊公式,求图 3-37 所示系统的传递函数。

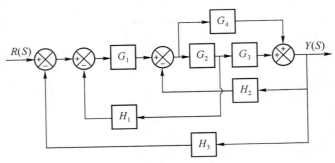

图 3-37 用梅逊公式求系统的传递函数

解:本系统有两条向前通道,其传递函数分别为

$$P_1 = G_1 G_2 G_3$$
$$P_2 = G_1 G_4$$

系统有 5 个反馈回路,其传递函数分别为

$$L_1 = -G_1G_2H_1$$
$$L_2 = -G_2G_3H_2$$
$$L_3 = -G_1G_2G_3H_3$$
$$L_4 = -G_1G_4H_3$$
$$L_5 = -G_4H_2$$

上述 5 个反馈回路都相互接触,即没有互不接触的反馈回路,故

$$\Delta = 1 + G_1G_2H_1 + G_2G_3H_2 + G_1G_2G_3H_3 + G_1G_4H_3 + G_4H_2$$

又因为所有 5 个反馈回路都与两条向前通道接触,故

$$\Delta_1 = 1, \Delta_2 = 1$$

由公式(3-42)求得系统的传递函数为

$$\frac{Y(S)}{R(S)} = \frac{G_1G_2G_3 + G_1G_4}{1 + G_1G_2H_1 + G_2G_3H_2 + G_1G_2G_3H_3 + G_1G_4H_3 + G_4H_2}$$

【例 3-8】 利用梅逊公式求图 3-38 所示系统的传递函数。

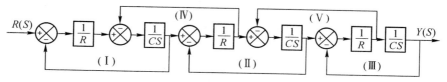

图 3-38 利用梅逊公式求系统的传递函数

解:本系统只有一条向前通道,其传递函数为

$$P_1 = \frac{1}{R^3C^3S^3}$$

系统有 5 个反馈回路,其传递函数都是 $-\dfrac{1}{(RCS)}$,故

$$\sum L_a = -\frac{5}{RCS}$$

5 个反馈回路中,有 6 对彼此不接触的回路。这 6 对回路是:回路 Ⅰ 和 Ⅱ;回路 Ⅱ 与 Ⅲ;回 Ⅰ 与 Ⅲ;回路 Ⅲ 与 Ⅳ;回路 Ⅰ 与 Ⅴ 和回路 Ⅳ 与 Ⅴ。这 6 对彼此不接触的回路,每对回路的传递函数之积都是 $1/(R^2C^2S^2)$。故

$$\sum L_bL_c = \frac{6}{R^2C^2S^2}$$

这 5 个反馈回路中,只有一组三个互不接触的回路。它们是回路 Ⅰ、Ⅱ 和 Ⅲ。故

$$\sum L_dL_eL_f = \frac{1}{R^3C^3S^3}$$

5 个反馈回路中,不存在四个以上互不接触的回路。故特征式为

$$\Delta = 1 + \frac{5}{RCS} + \frac{6}{R^2 C^2 S^2} + \frac{1}{R^3 C^3 S^3}$$

又 5 个反馈回路都和向前通道接触。故

$$\Delta_1 = 1$$

利用公式(3-42)可求得系统传递函数如下:

$$\frac{Y(S)}{R(S)} = \frac{1}{R^3 C^3 S^3 + 5R^2 C^2 S^2 + 6RCS + 1}$$

习　题

3-1　求图 P3-1(a)和(b)所示机械系统的传递函数。在图(a)中转矩 M 为输入,转角 θ 为输出。在图(b)中,位移 x_i 为输入,位移 x_0 为输出。

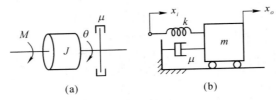

图 P3-1

3-2　在图 P3-2 所示网络中,电压 u_i 为输入,电压 u_0 为输出,求出它们的传递函数。

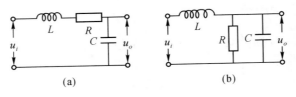

图 P3-2

3-3　图 P3-3 为一理想齿轮传动机构,今以转矩 M 为输入,转角 θ_2 为输出,求出这机械系统的传递函数。

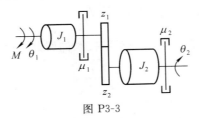

图 P3-3

3-4 在图 P3-4 所示的四端网络中,以电压 u_i 为输入,电压 u_0 为输出,试绘制其方块图。

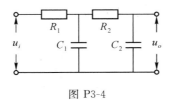

图 P3-4

3-5 图 P3-5(b)是图 P3-5(a)所示机械系统的方块图,系统中 $f(t)$ 为外力,x_1、x_2 为质量 m_1 和 m_2 的位移。试求图(b)中各方块的传递函数。

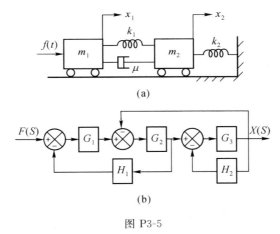

图 P3-5

3-6 在图 P3-6 所示的液压系统中,V 为控制阀,C 为油缸(其工作面积为 A)。操纵手柄 L 在 O_1 和 O_2 点分别与控制阀芯和活塞相铰接。设控制阀的流量与其开度成正比,不考虑泄漏和油的可压缩性。试绘制以位移 x 为输入,位移 y 为输出的系统方块图。

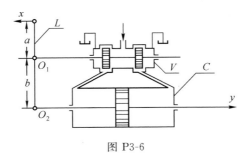

图 P3-6

3-7 求图 P3-7 所示系统的传递函数。

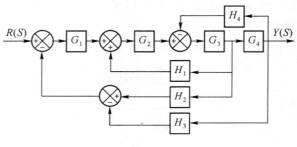

图 P3-7

3-8 求图 P3-8 所示系统的传递函数。

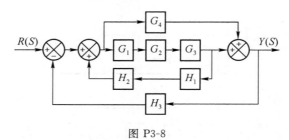

图 P3-8

3-9 求图 P3-9 所示系统的传递函数。

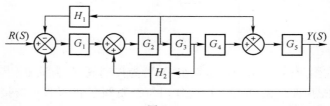

图 P3-9

3-10 求图 P3-10 所示系统的传递函数。

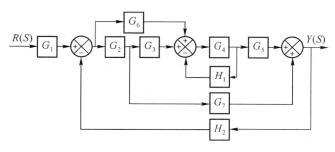

图 P3-10

3-11 求图 P3-11 所示系统的传递函数。

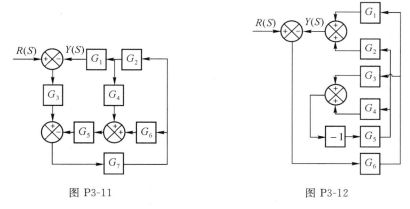

图 P3-11

图 P3-12

3-12 求图 P3-12 所示系统的传递函数。

第四章 时间响应

一旦建立了系统的数学模型,就可采用各种不同的方法来分析控制系统的性能。在经典控制理论中经常采用的方法有时间响应法、根轨迹法和频率响应法等。

本章主要介绍时间响应的基本概念、时间响应的性能指标,以及一阶、二阶和高阶系统的典型时间响应特性等。

第一节 时间响应的概念

一、时间响应

系统在输入作用下,其输出随时间变化的过程称为时间响应。稳定系统的时间响应可划分成瞬态响应和稳态响应两个阶段。系统在某一输入作用下,其输出从初始状态到稳定状态的变化过程称为瞬态响应。瞬态响应过程结束后,系统的输出状态称为稳态响应。系统的时间响应可以通过求解描述系统运动的微分方程而得到。通常,微分方程的解包含零初始条件解(又称零初态响应)和零输入解(又称零输入响应)两部分。设系统的输入为 $x(t)$,输出为 $y(t)$,描述该系统运动的微分方程为:

$$a_n \frac{\mathrm{d}^n y}{\mathrm{d}t^n} + a_{n-1} \frac{\mathrm{d}^{n-1} y}{\mathrm{d}t^{n-1}} + \cdots + a_1 \frac{\mathrm{d}y}{\mathrm{d}t} + a_0 y = x(t) \tag{4-1}$$

并已知系统的初始条件。对式(4-1)进行拉氏变换得

$$a_n \left[S^n Y(S) - S^{n-1} y(0) - S^{n-2} \dot{y}(0) - \cdots - S y^{(n-2)}(0) - y^{(n-1)}(0) \right]$$
$$+ a_{n-1} \left[S^{n-1} Y(S) - S^{n-2} y(0) + S^{n-3} \dot{y}(0) - \cdots - S y^{(n-3)}(0) \right.$$
$$\left. - y^{(n-2)}(0) \right] + \cdots + a_1 \left[SY(S) - y(0) \right] + a_0 Y(S) = X(S)$$

整理后可得

$$Y(S) = \frac{1}{D(S)} X(S) + \frac{1}{D(S)} C_0(S) \tag{4-2}$$

式中

$$D(S) = a_n S^n + a_{n-1} S^{n-1} + \cdots + a_1 S + a_0$$

$$C_0(S) = a_n y(0) S^{n-1} + [a_n \dot{y}(0) + a_{n-1} y(0)] S^{n-2} + \cdots$$

$$+ [a_n y^{(n-1)}(0) + a_{n-1} y^{(n-2)}(0) + \cdots + a_1 y(0)]$$

对式(4-2)进行拉氏反变换,即得系统的时间响应为

$$y(t) = L^{-1} \Big[\frac{1}{D(S)} X(S) \Big] + L^{-1} \Big[\frac{1}{D(S)} C_0(S) \Big] \tag{4-3}$$

很明显,式(4-3)右边第一项与系统的初始条件无关,而仅决定于输入作用,它相当于零初始条件下的响应,故称零初态响应。第二项由初始条件决定而与 $t > 0$ 以后的输入作用无关,故称零输入响应。当初始条件为零时,这一项就等于零。在控制理论中,通常只分析系统在典型输入信号作用下的零初态响应。

系统在典型输入信号作用下的零初态响应由瞬态分量和稳态分量两部分组成。在瞬态响应阶段,系统的响应是瞬态分量与稳态分量之和。对于稳定的系统,随着时间的增长,瞬态分量将衰减到零。所以在稳态响应阶段系统的响应就只有稳态分量了。

二、典型输入信号及典型时间响应

控制系统的输入信号是多种多样的,有时预先并不完全知道。为了便于对系统的分析研究以及系统间的比较,需要规定一些具有代表性的,数学形式简单的,在实际中又容易获得的所谓典型输入信号。在时间响应分析中,经常采用脉冲函数,阶跃函数,斜坡函数以及加速度函数等作为系统的输入信号。

系统在零初始条件时,在典型输入信号作用下,输出信号随时间变化的过程称为典型时间响应。

传递函数为 $\Phi(S)$ 的系统,在单位脉冲函数、单位阶跃函数和单位斜坡函数作用下,其输出信号随时间变化的过程(分别称为单位脉冲响应、单位阶跃响应和单位斜坡响应)可求得如下。

单位脉冲响应的拉氏变换 $Y_{UI}(S)$ 为

$$Y_{UI}(S) = \Phi(S) X(S) = \Phi(S) L[\delta(t)] = \Phi(S) \tag{4-4}$$

故系统的单位脉冲响应 $Y_{UI}(t)$ 为

$$y_{UI}(t) = L^{-1}[Y_{UI}(S)] = L^{-1}[\Phi(S)] = \varphi(t) \tag{4-5}$$

式(4-4)和(4-5)说明,单位脉冲响应的拉氏变换就是系统本身的传递函数,而单位脉冲响应则为系统传递函数的拉氏反变换 $\varphi(t)$。$\varphi(t)$ 又称为单

位脉冲响应函数。显然,传递函数是系统动态性能在复域中的描述,而单位脉冲响应函数则是系统动态性能在时域中的描述。

单位阶跃响应的拉氏变换 $Y_{US}(S)$ 为

$$Y_{US}(S) = \Phi(S)X(S) = \Phi(S)L[u(t)] = \Phi(S)\frac{1}{S}$$

而单位阶跃响应 $y_{US}(t)$ 为

$$y_{US}(t) = L^{-1}[Y_{US}(S)] \tag{4-6}$$

单位斜坡响应的拉氏变换 $Y_{UR}(S)$ 为:

$$Y_{UR}(S) = \Phi(S)X(S) = \Phi(S)L[t] = \Phi(S)\frac{1}{S^2}$$

而单位斜坡响应 $Y_{UR}(t)$ 为:

$$Y_{UR}(t) = L^{-1}[Y_{UR}(S)] \tag{4-7}$$

由式(4-4)～(4-7)知:

$$Y_{UR}(S) = \frac{1}{S}Y_{US}(S) = \frac{1}{S^2}Y_{UI}(S)$$

或

$$y_{UI}(t) = \frac{d}{dt}y_{US}(t) = \frac{d^2}{dt^2}y_{UR}(t) \tag{4-8}$$

另外,单位脉冲函数、单位阶跃函数和单位斜坡函数之间存在如下关系:

$$\delta(t) = \frac{d}{dt}[u(t)] = \frac{d^2}{dt^2}[t] \tag{4-9}$$

式(4-8)和式(4-9)表明,系统对某一函数的导数的响应等于系统对该函数响应的导数。这是线性定常系统的一个重要特性。利用这一特性,可以很方便地由一种已知的响应,求出另外两种响应。

三、在任意输入函数作用下系统的响应

从传递函数的定义知,在任意输入函数 $x(t)$ 作用下,系统响应的拉氏变换 $Y(S)$ 可求得如下:

$$Y(S) = \Phi(S)X(S) \tag{4-10}$$

而系统的时间响应 $y(t)$ 就是式(4-10)的拉氏反变换:

$$y(t) = L^{-1}[Y(S)] \tag{4-11}$$

式(4-10)中 $\Phi(S)$ 是系统的传递函数, $X(S)$ 是输入函数 $x(t)$ 的拉氏变换。

当不能得到输入函数的拉氏变换时,便无法利用式(4-10)和式(4-11)来求系统的时间响应。由卷积定理知,在这种情况下,系统的时间响应可由单位脉冲响应函数 $\varphi(t)$ 和输入函数的卷积积分来求得,即

$$y(t) = \int_0^t x(\tau)\varphi(t-\tau)\mathrm{d}\tau \tag{4-12}$$

式(4-12)可进一步说明如下:设系统的输入为图4-1所示的任意时间函数 $x(t)$。$x(t)$ 可以看成是无数个宽度为 $\Delta\tau$,高度不同的连续脉冲之和。这一串连续脉冲中,第 i 个脉冲的高度是 $x(i\Delta\tau)$。因此这个脉冲的强度为 $x(i\Delta\tau)\Delta\tau$。在 $t=0$ 时刻,强度为1的脉冲就是单位脉冲函数 $\delta(t)$。而平移一时间 $i\Delta\tau$ 后的单位脉冲函数则为 $\delta(t-i\Delta\tau)$。因而 $x(i\Delta\tau)\Delta\tau\delta(t-i\Delta\tau)$ 就代表脉冲强度为 $x(i\Delta\tau)\Delta\tau$,平移时间 $i\Delta\tau$ 的脉冲函数。

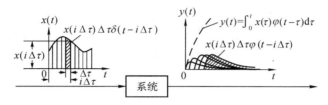

图 4-1   用卷积积分求系统的响应

前面已经讨论过,系统在单位脉冲函数 $\delta(t)$ 作用下的响应为单位脉冲响应数 $\varphi(t)$,那么系统在输入函数 $x(i\Delta\tau)\Delta\tau\delta(t-i\Delta\tau)$ 作用下的响应就是 $x(i\Delta\tau)\Delta\tau\varphi(t-i\Delta\tau)$。所以系统在任意时刻 $t=K\Delta\tau$ 时对输入函数 $x(t)$ 的响应,就等于此时刻之前全部(即 $K-1$ 个)脉冲响应之和:

$$y(t) = y(K\Delta\tau) = \sum_{i=1}^{K-1} x(i\Delta\tau)\Delta\tau\varphi(t-i\Delta\tau)$$

当 $\Delta\tau$ 趋于零时,$\Delta\tau$ 可用微分 $\mathrm{d}\tau$ 来代替。并且可用连续量 τ 来代替离散量 $i\Delta\tau$。于是上式可写成

$$y(t) = \int_0^1 x(\tau)\varphi(t-\tau)\mathrm{d}\tau$$

第二节   时间响应的性能指标

系统控制性能的好坏可用时间响应的性能指标来表征。一般认为,系统在阶跃函数输入作用下的工作条件是比较严峻的,同时也比较具有代表性。所以通常采用在单位阶跃函数输入作用下的系统响应情况来衡量系统的控制性能。

图4-2表示二阶系统在单位阶跃函数作用下,一般呈现的响应情况。控制系统单位阶跃响应的性能指标定义如下:

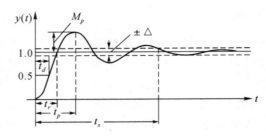

图 4-2 时间响应的性能指标

1. 延迟时间 t_d：指响应第一次达到稳态值的 50% 所需的时间。

2. 上升时间 t_r：对二阶过阻尼系统是指响应从稳态值的 10% 上升到 90% 所需的时间；对二阶欠阻尼系统是指响应从零上升到稳态值时所需的时间。图 4-2 表示的是欠阻尼二阶系统的上升时间。

3. 峰值时间 t_p：响应超过稳态值而达到第一个峰值所需的时间。

4. 最大超调 M_p 或百分比超调 $P.O.$：响应超出稳态值的最大偏离量称最大超调量。即

$$M_p = y(t_p) - 1 \tag{4-13}$$

而百分比超调 $P.O.$，则由下式定义：

$$P.O. = \frac{y(t_p) - y(\infty)}{y(\infty)} \times 100\% \tag{4-14}$$

上两式中 $y(t_p)$ 是响应的最大峰值，$y(\infty)$ 是响应的稳态值。

5. 调整时间 t_s：响应达到并保持在稳态值的公差带内（通常 $\Delta = 2\%$ 或 5%）所需的时间。

6. 振荡周期 T_d：响应振荡一次所需的时间。

7. 振荡次数 N：指在 t_s 时间内响应的振荡次数。

8. 稳态误差 ε_{SS}：指响应的稳态值偏离希望值的大小。

第三节　　一阶系统的时间响应

动态特性由一阶微分方程描述的系统，称为一阶系统。典型一阶系统的方块图如图 4-3 所示。它的传递函数是

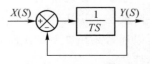

$$\frac{Y(S)}{X(S)} = \frac{1}{TS + 1}$$

图 4-3　一阶系统方块图

式中 T 为时间常数。

第三章讨论过的惯性环节,就是一阶系统。下面讨论一阶系统的典型时间响应。

一、单位阶跃响应

因单位阶跃函数的拉氏变换为 $1/S$,故一阶系统在单位阶跃函数作用下,其输出的拉氏变换为:

$$Y(S) = \frac{1}{TS+1} \cdot \frac{1}{S} = \frac{1}{S} - \frac{T}{TS+1}$$

对上式进行拉氏反变换,即得单位阶跃响应

$$y(t) = 1 - e^{-t/T} \tag{4-15}$$

式(4-15)表明,该响应由两部分组成。式(4-15)右边第一项为稳态分量,它与输入函数有关;第二项为瞬态分量,它决定于系统的参数。并知当时间趋于无穷大时,瞬态分量将衰减到零。其衰减速度决定于时间常数 T。一阶系统的这一单位阶跃响应特性如图4-4所示。

由式(4-15)和图4-4知,一阶系统的单位阶跃响应具有如下特点:

1. 响应的初始值为零,稳态值为1。即一阶系统对突变的输入不能立即复现,而呈惯性。又响应具有非振荡特性。故一阶系统也称惯性环节或非周期环节。

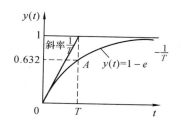

图4-4　一阶系统的单位阶跃响应

2. 时间常数 T 是表征响应特性的唯一参数。由响应的初始速度

$$\frac{\mathrm{d}}{\mathrm{d}t}y(t)\bigg|_{t=0} = \frac{1}{T}e^{-t/T}\bigg|_{t=0} = \frac{1}{T} \tag{4-16}$$

知,时间常数 T 越小,响应就越快。由图4-4可见,若响应速度保持其初始值不变,则响应到达稳态值所需的时间就是 T。

3. 由式(4-15)知,当

$$
\begin{aligned}
t &= T & y(t) &= 0.632 \\
t &= 2T & y(t) &= 0.865 \\
t &= 3T & y(t) &= 0.950 \\
t &= 4T & y(t) &= 0.982
\end{aligned}
$$

可见一阶系统的时间常数 T,就是单位阶跃响应达到稳态值的 63.2% 时所需的时间。当时间经历3T时,响应就达到稳态值的 95%。而经历4T时,就达到了 98%。

由于一阶系统的阶跃响应具有非振荡特性,故其性能指标主要是调整时间 t_s。一般取

$$t_s = 3T \qquad (当 \Delta = 5\% 时)$$

或

$$t_s = 4T \qquad (当 \Delta = 2\% 时)$$

二、单位斜坡响应

单位斜坡函数的拉氏变换是 $1/S^2$,故一阶系统的单位斜坡响应的拉氏变换是

$$Y(S) = \frac{1}{TS+1} \cdot \frac{1}{S^2}$$

将上式展开成部分分式得

$$Y(S) = \frac{1}{S^2} - \frac{T}{S} + \frac{T^2}{TS+1}$$

对上式进行拉氏反变换,得单位斜坡响应为

$$y(t) = t - T + Te^{-t/T} \tag{4-17}$$

由式(4-17)知,一阶系统的单位斜坡响应由稳态分量$(t-T)$和瞬态分量 $Te^{-t/T}$ 组成。当时间趋于无穷大时,瞬态分量将衰减到零。

利用式(4-17)可以得到有关响应速度的信息。对式(4-17)求导一次得到

$$\frac{\mathrm{d}}{\mathrm{d}t}y(t) = 1 - e^{-t/T}$$

它同单位阶跃响应相同,并知响应的初始速度为零。一阶系统单位斜坡响应的上述特点如图 4-5 所示。由图可见,一阶系统的单位斜坡响应是具有稳态误差的。其大小可计算如下:

$$
\begin{aligned}
\varepsilon_{SS} &= \lim_{t \to \infty}[x(t) - y(t)] \\
&= \lim_{t \to \infty}[t - (t - T + Te^{-t/T}] \\
&= T \tag{4-18}
\end{aligned}
$$

即一阶系统对单位斜坡输入存在一个数值

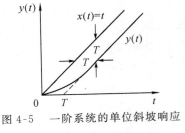

图 4-5 一阶系统的单位斜坡响应

上与时间常数相等的跟踪位置误差。因此时间常数 T 越小,稳态误差就越小。

由图 4-5 也可以看出,在单位斜坡函数作用下,一阶系统稳态输出的斜率与输入的斜率是相等的。但输出滞后输入一个时间 T。因此,时间常数 T 越小,输出对输入的时间滞后量也越小。

三、单位脉冲响应

单位脉冲函数的拉氏变换为 1,故一阶系统的单位脉冲响应的拉氏变换就是它的传递函数本身,即:

$$Y(S) = \frac{1}{TS+1}$$

对上式进行拉氏反变换,即得单位脉冲响应为

$$y(t) = \frac{1}{T}e^{-t/T} \qquad (4-19)$$

它的初始响应速度为

$$\frac{\mathrm{d}}{\mathrm{d}t}y(t)\Big|_{t=0} = -\frac{1}{T^2}e^{-t/T}\Big|_{t=0} = -\frac{1}{T^2} \qquad (4-20)$$

一阶系统的单位脉冲响应如图 4-6 所示。由图可见,这个响应是一条单调下降的指数曲线,输出量的初始值为 $1/T$。当时间趋于无穷大时,响应便衰减到零。时间常数 T 越小,响应衰减就越快。

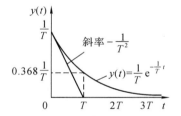

图 4-6 一阶系统的单位脉冲响应

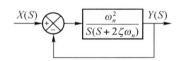

图 4-7 二阶系统的方块图

第四节 二阶系统的时间响应

动态特性由二阶微分方程描述的系统称为二阶系统。图 4-7 是单位反馈二阶系统的方块图。二阶系统传递函数的标准形式是:

$$\frac{Y(S)}{X(S)} = \frac{\omega_n^2}{S^2 + 2\zeta\omega_n S + \omega_n^2} \qquad (4-21)$$

式中,ω_n 为无阻自然频率;ζ 为阻尼比。

系统特征方程

$$S^2 + 2\zeta\omega_n S + \omega_n^2 = 0$$

的根为

$$S_{1,2} = -\zeta\omega_n \pm \omega_n \sqrt{\zeta^2 - 1}$$

随着阻尼比 ζ 的变化,将会出现四种不同类型的特征方程的根:

(1)$\zeta = 0$ 时,特征方程有一对虚根,这时系统的时间响应表现为持续的等幅振荡。这种系统称为无阻尼系统。

(2)$0 < \zeta < 1$ 时,特征方程有一对负实部的复根。这时系统的时间响应表现为衰减振荡。这种系统称为欠阻尼系统。

(3)$\zeta = 1$ 时,特征方程具有一对相等的负实根。系统时间响应不产生振荡。这种系统称为"临界阻尼系统"。

(4)$\zeta > 1$ 时,特征方程具有一对不相等的负实根,系统的时间响应也不产生振荡,且响应比临界阻尼系统慢。这种系统称为过阻尼系统。

图 4-8 表示当 ω_n 不变时,随着 ζ 的变化,特征根(闭环极点)在复平面上分布的情况。

由式(4-21)知,二阶系统时间响应的拉氏变换为:

$$Y(S) = \frac{\omega_n^2}{S^2 + 2\zeta\omega_n S + \omega_n^2} X(S) \tag{4-22}$$

当 $\zeta > 1$ 时:

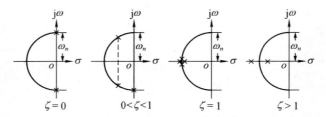

图 4-8 特征根在复平面上的分布

$$Y(S) = \frac{\omega_n^2}{(S + \zeta\omega_n + \omega_n \sqrt{\zeta^2 - 1})(S + \zeta\omega_n - \omega_n \sqrt{\zeta^2 - 1})} X(S) \tag{4-23}$$

当 $\zeta = 1$ 时:

$$Y(S) = \frac{\omega_n^2}{(S + \omega_n)^2} X(S) \tag{4-24}$$

当 $0 < \zeta < 1$ 时:

$$Y(S) = \frac{\omega_n^2}{(S + \zeta\omega_n + j\omega_d)(S + \zeta\omega_n - j\omega_d)} X(S) \tag{4-25}$$

式中,$\omega_d = \omega_n \sqrt{1 - \zeta^2}$,称为阻尼自然频率。

当 $\zeta = 0$ 时

$$Y(S) = \frac{\omega_n^2}{S^2 + \omega_n^2} X(S) \tag{4-26}$$

下面讨论二阶系统在初始条件为零时,在典型输入作用下的时间响应。

一、单位阶跃响应

1. 二阶欠阻尼系统的单位阶跃响应

单位阶跃函数的拉氏变换为 $1/S$。由式(4-25)得单位阶跃响应的拉氏变换为:

$$Y(S) = \frac{\omega_n^2}{(S + \zeta\omega_n)^2 + \omega_d^2} \quad \frac{1}{S}$$

将上式展开成部分分式,得:

$$Y(S) = \frac{1}{S} - \frac{S + \zeta\omega_n}{(S + \zeta\omega_n)^2 + \omega_d^2} - \frac{\zeta\omega_n}{(S + \zeta\omega_n)^2 + \omega_d^2}$$

上式右端各项的拉氏反变换是:

$$L^{-1}\left[\frac{1}{S}\right] = 1$$

$$L^{-1}\left[\frac{S + \zeta\omega_n}{(S + \zeta\omega_n)^2 + \omega_d^2}\right] = e^{-\zeta\omega_n t}\cos\omega_d t$$

$$L^{-1}\left[\frac{\zeta\omega_n}{(S + \zeta\omega_n)^2 + \omega_d^2}\right] = \frac{\zeta}{\sqrt{1 - \zeta^2}}e^{-\zeta\omega_n t}\sin\omega_d t$$

故得二阶欠阻尼系统的单位阶跃响应为:

$$y(t) = 1 - e^{-\zeta\omega_n t}\left(\cos\omega_d t + \frac{\zeta}{\sqrt{1 - \zeta^2}}\sin\omega_d t\right) \tag{4-27}$$

利用欠阻尼系统特征根在复平面上的位置关系(见图4-9)可得:

$$\sin\varphi = \sqrt{1 - \zeta^2}$$

$$\cos\varphi = \zeta$$

$$\varphi = \text{tg}^{-1}\frac{\sqrt{1 - \zeta^2}}{\zeta}$$

将上述关系代入式(4-27),可得二阶欠阻尼系统单位阶跃响应的另一种表达形式为:

$$y(t) = 1 - \frac{1}{\sqrt{1 - \zeta^2}}e^{-\zeta\omega_n t}\sin(\omega_d t + \varphi) \tag{4-28}$$

由式(4-28)知二阶欠阻尼系统的单位阶跃响应是以阻尼自然频率 ω_d 为频率的正弦衰减振荡。这一响应特性如图4-2所示。其瞬态响应性能指标计算如下:

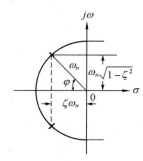

图 4-9　欠阻尼系统特征根在复平面上的位置

（1）上升时间 t_r

因当 $t = t_r$ 时，$y(t_r) = 1$，故由式（4-28）知

$$y(t_r) = 1 - \frac{1}{\sqrt{1-\zeta^2}} e^{-\zeta\omega_n t_r} \sin(\omega_d t_r + \varphi) = 1$$

或

$$\frac{1}{\sqrt{1-\zeta^2}} e^{-\zeta\omega_n t_r} \sin(\omega_d t_r + \varphi) = 0$$

因当 $t = t_r$ 时，$\dfrac{1}{\sqrt{1-\zeta^2}} e^{-\zeta\omega_n t_r} \neq 0$

故　　　　$\sin(\omega_d t_r + \varphi) = 0$

因此　　$\omega_d t_r + \varphi = n\pi, n = 0, 1, 2, \cdots$

因上升时间是响应第一次达到稳态值所需的时间，故取 $n = 1$。故得

$$t_r = \frac{\pi - \varphi}{\omega_d} \tag{4-29}$$

因当 ω_n 不变时，随着 ζ 的增大，ω_d 和 φ 都减小，故由式（4-29）知，上升时间将随着阻尼比的增大而延长，而随着无阻尼然频率的增高而减短。

（2）峰值时间 t_p

因为响应达到峰值时，响应速度为零，故对方程式（4-28）求导一次，并令其等于零，得

$$\frac{d}{dt} y(t) \Big|_{t=t_p} = \frac{\zeta\omega_n}{\sqrt{1-\zeta^2}} e^{-\zeta\omega_n t_p} \sin(\omega_d t_p + \varphi) - \omega_n e^{-\zeta\omega_n t_p} \cos(\omega_d t_p + \varphi)$$

$$= 0$$

移项得：

$$\mathrm{tg}(\omega_d t_p + \varphi) = \frac{\sqrt{1-\zeta^2}}{\zeta}$$

因

$$\frac{\sqrt{1-\zeta^2}}{\zeta} = \text{tg}\varphi$$

故有

$$\omega_d t_p = n\pi, n = 0, 1, 2, \cdots$$

因 t_p 是响应到达第一个峰值时所需的时间,故取 $n=1$。于是求得峰值时间为

$$t_p = \frac{\pi}{\omega_d} \tag{4-30}$$

由式(4-30)知,峰值时间随阻尼比的增大而延长,但随无阻尼自然频率的增高而减短。

(3)最大超调 M_p 或百分比超调 $P.O.$

由图4-2知,响应到达第一个峰值时,出现最大超调。故将 $t = t_p = \frac{\pi}{\omega_d}$ 代入方程(4-27)后可得:

$$M_p = y(t_p) - 1 = -e^{-\zeta\pi\sqrt{1-\zeta^2}}(\cos\pi + \frac{\zeta}{\sqrt{1-\zeta^2}}\sin\pi)$$

即

$$M_p = e^{-\zeta\pi/\sqrt{1-\zeta^2}} \tag{4-31}$$

而

$$P.O. = e^{-\zeta\pi/\sqrt{1-\zeta^2}} \times 100\% \tag{4-32}$$

由式(4-31)和(4-32)知,二阶欠阻尼系统的阶跃响应的最大超调只与阻尼比有关,并随阻尼比的增大而减小。图4-10表示了百分比超调和阻尼比之间的函数关系。阻尼比可根据系统允许的最大超调来确定。控制系统的百分比超调一般取为 $25\% \sim 1.5\%$,而相应的阻尼比为 $0.4 \sim 0.8$。

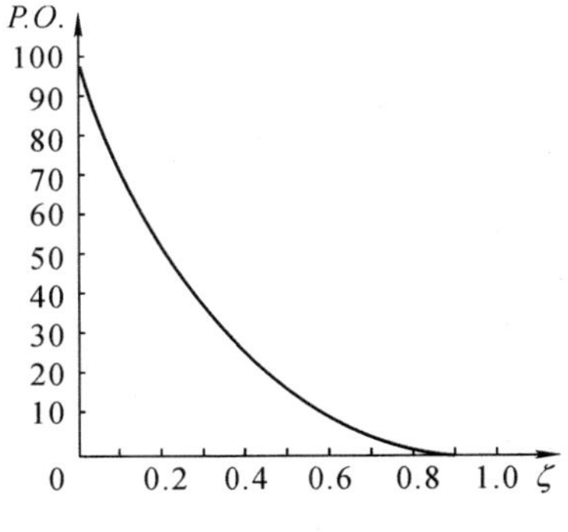

(4)调整时间 t_s

由描述二阶欠阻尼系统单位阶跃响应的方程(4-28)

$$y(t) = 1 - \frac{1}{\sqrt{1-\zeta^2}} e^{-\zeta\omega_n t}\sin(\omega_d t + \varphi)$$

图4-10 百分比超调与阻尼比的关系

知,$e^{-\zeta\omega_n t}/\sqrt{1-\zeta^2}$ 就是这一正弦衰减振荡的幅值。因此这一响应曲线的包络线方程是

$$y(t) = 1 \pm \frac{e^{-\zeta\omega_n t}}{\sqrt{1-\zeta^2}} \tag{4-33}$$

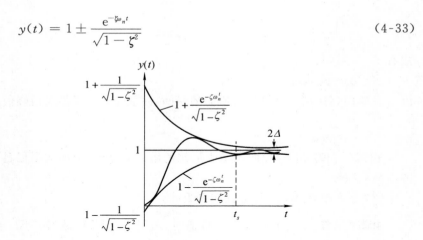

图 4-11 二次欠阻尼系统单位阶跃响应的包络线

也就是说,响应曲线总是被包容在这一对包络线内(见图 4-11)。包络线的时间常数 $T = 1/\zeta\omega_n$。

根据调整时间的定义,t_s 是响应达到并保持在稳态值的公差带 $\pm\Delta$ 内所需的时间,故可近似取为该包络线衰减到 $\pm\Delta$ 区域时所需的时间。故有

$$\frac{e^{-\zeta\omega_n t_s}}{\sqrt{1-\zeta^2}} = \Delta$$

解上式得

$$t_s = \frac{1}{\zeta\omega_n}\left(\ln\frac{1}{\Delta} + \ln\frac{1}{\sqrt{1-\zeta^2}}\right) \tag{4-34}$$

式(4-34)表明,瞬态响应的衰减速度取决于时间常数 $1/\zeta\omega_n$ 的大小。由这一方程可求得调整时间 t_s 为:

$$t_s \approx \frac{3}{\zeta\omega_n} = 3T \quad (\text{当 } \Delta = 5\% \text{ 时}) \tag{4-35}$$

或

$$t_s \approx \frac{4}{\zeta\omega_n} = 4T \quad (\text{当 } \Delta = 2\% \text{ 时}) \tag{4-36}$$

当 ω_n 不变时,t_s 是 ζ 的函数。图 4-12 表示了 ω_n 相同而 ζ 不同的二阶系统的单位阶跃响应曲线。利用这些响应曲线可以测得与 $\Delta = 5\%$ 和 $\Delta = 2\%$ 相应的 t_s 与 ζ 的关系曲线(如图 4-13 所示)。由图可见,当 $\Delta = 5\%$ 时,与 $\zeta = 0.68$ 对应的 t_s 最短,当 $\Delta = 2\%$ 时,与 $\zeta = 0.76$ 对应的 t_s 最短。另外,当 ζ 值由这些数值继续增大时,t_s 将近似线性地增长。

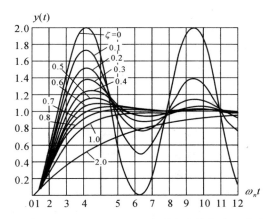

图 4-12 不同阻尼比的二阶系统的单位阶跃响应

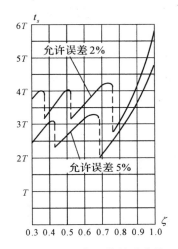

图 4-13 t_s 与 ζ 的关系曲线

（5）振荡周期 T_d 及振荡次数 N

$$T_d = \frac{2\pi}{\omega_d} \tag{4-37}$$

或

$$T_d = 2t_p \tag{4-38}$$

而振荡次数为

$$N = \frac{t_s}{T_d}$$

当 $t_s = 3/\zeta\omega_n$ 时

$$N = \frac{1.5\sqrt{1-\zeta^2}}{\pi\zeta} \tag{4-39}$$

当 $t_s = 4/\zeta\omega_n$ 时

$$N = \frac{2\sqrt{1-\zeta^2}}{\pi\zeta} \tag{4-40}$$

由上述分析计算可知,影响单位阶跃响应各项性能指标的是二阶系统的阻尼比和无阻尼自然频率这两个重要参数。

当 ω_n 为恒值时,随着阻尼比增大,则最大超调减小,振荡周期增长。即振荡减弱,平稳性好。另一方面,随着阻尼比增大,上升时间和峰值时间也增长,使初始响应速度变慢。小的阻尼比,虽然可以加快初始响应速度,但它使最大超调增大,振荡加剧,衰减变慢,因而增长了调整时间。设计二阶系统时,阻尼比根据允许的最大超调来确定。因为当 $\zeta = 0.707$ 时,百分比超调小于 5%,并且调整时间也短,具有比较理想的响应,故设计二阶系统时,一般取 $\zeta = 0.707$ 作为最佳阻尼比。

ζ 为恒值、ω_n 不同的系统,其最大超调仍然相等。但随着 ω_n 的增高,峰值时间、振荡周期和调整时间均缩短,故系统响应加快。系统设计时,无阻尼自然频率根据调整时间来确定。

2. 二阶临界阻尼系统的单位阶跃响应

由方程(4-24)知,临界阻尼系统的单位阶跃响应可求得如下:

$$Y(S) = \frac{\omega_n^2}{(S+\omega_n)^2} \frac{1}{S}$$

将上式展开成部分分式,得

$$Y(S) = \frac{-\omega_n}{(S+\omega_n)^2} + \frac{-1}{(S+\omega_n)} + \frac{1}{S}$$

对上式进行拉氏反变换,得单位阶跃响应为

$$y(t) = -\omega_n t e^{-\omega_n t} - e^{-\omega_n t} + 1$$

即

$$y(t) = 1 - e^{-\omega_n t}(1 + \omega_n t) \tag{4-41}$$

其响应速度为

$$\frac{d}{dt}y(t) = \omega_n^2 t e^{-\omega_n t} \tag{4-42}$$

由方程(4-41)和(4-42)知,临界阻尼系统的单位阶跃响应是单调上升的无超调响应,响应初值为零,终值为1。其在 $t = 0$ 和 $t = \infty$ 时的响应速度均为零(参看图 4-12)。

由于临界阻尼系统的单位阶跃响应是非振荡的。故它的响应性能指标一般只考虑反映系统响应快慢的调整时间。

3. 二阶过阻尼系统的单位阶跃响应

由方程(4-21)知,二阶过阻尼系统实际上是两个具有不同时间常数的惯性环节的串联。二阶过阻尼系统的单位阶跃响应,可利用方程(4-23)求得如下:

$$Y(S) = \frac{\omega_n^2}{(S + \zeta\omega_n + \omega_n\sqrt{\zeta^2-1})(S + \zeta\omega_n - \omega_n\sqrt{\zeta^2-1})} \cdot \frac{1}{S}$$

将上式展开成部分分式,得

$$Y(S) = \frac{a}{(S + \zeta\omega_n + \omega_n\sqrt{\zeta^2-1})} + \frac{b}{(S + \zeta\omega_n - \omega_n\sqrt{\zeta^2-1})} + \frac{c}{S}$$

$$(4-43)$$

式中各项系数:

$$a = [2(\zeta^2 + \zeta\sqrt{\zeta^2-1} - 1)]^{-1}$$
$$b = [2(\zeta^2 - \zeta\sqrt{\zeta^2-1} - 1)]^{-1}$$
$$c = 1$$

将 a、b、c 各系数值代入式(4-43)并进行拉氏反变换得:

$$y(t) = \frac{1}{2(\zeta^2 + \zeta\sqrt{\zeta^2-1} - 1)}e^{-(\zeta+\sqrt{\zeta^2-1})\omega_n t}$$
$$+ \frac{1}{2(\zeta^2 - \zeta\sqrt{\zeta^2-1} - 1)}e^{-(\zeta-\sqrt{\zeta^2-1})\omega_n t} + 1$$

令 $P_1 = (\zeta + \sqrt{\zeta^2-1})\omega_n$,$P_2 = (\zeta - \sqrt{\zeta^2-1})\omega_n$,则二阶过阻尼系统的单位阶跃响应可表示成:

$$y(t) = 1 + \frac{\omega_n}{2\sqrt{\zeta^2-1}}\left(\frac{e^{-P_1 t}}{P_1} - \frac{e^{-P_2 t}}{P_2}\right) \qquad (4-44)$$

方程(4-44)表明,其响应的初值为零,终值为1。当 $t = 0$ 和 $t = \infty$ 时,响应速度均为零。这一响应特性如图4-12所示。

方程(4-44)还表明,二阶过阻尼系统的单位阶跃响应包含二项指数衰减项。当 $\zeta \gg 1$ 时,$P_1 \gg P_2$,则 $e^{-P_1 t}$ 项的衰减速度要比 $e^{-P_2 t}$ 项的衰减速度快得多。系统的瞬态响应过程主要受 $e^{-P_2 t}$ 项的支配,故 $e^{-P_1 t}$ 项的影响可以忽略。在这种情况下,二阶过阻尼系统便蜕化为一阶系统了。事实上当 $\zeta = 1.4$ 时,$P_1 = 5.7P_2$,所以当 $\zeta > 1.4$ 时,二阶过阻尼系统就可等效于一阶系统了。这时系统的单位阶跃响应可表示成

$$y(t) = 1 - \frac{\omega_n}{2P_2\sqrt{\zeta^2-1}}e^{-P_2 t} \qquad (4-45)$$

二阶过阻尼系统的单位阶跃响应,具有非振荡特性,故它时间响应的性能指标,一般只考虑调整时间。当 $\zeta = 1.25$ 时,$T_2 = 4T_1$(其中 $T_1 = \frac{1}{P_1}$,$T_2 = \frac{1}{P_2}$)。若取 $\Delta = 5\%$,则 $t_s \approx 3.3T_2$。

4. 二阶无阻尼系统的单位阶跃响应

二阶无阻尼系统的单位阶跃响应,可由方程(4-26)求得如下:

$$Y(S) = \frac{\omega_n^2}{S^2 + \omega_n^2} \cdot \frac{1}{S} = \frac{1}{S} - \frac{S}{S^2 + \omega_n^2}$$

对上式进行拉氏反变换,即得二阶无阻尼系统的单位阶跃响应为

$$y(t) = 1 - \cos\omega_n t \tag{4-46}$$

上式也可用 $\zeta = 0$ 代入式(4-27)求得。

式(4-46)表明,无阻尼系统的单位阶跃响应是以 ω_n 为频率的等幅振荡。因而称 ω_n 为无阻尼自然频率。

由图 4-12 可见,在 ω_n 相同、ζ 不同的二阶系统的单位阶跃响应中,只有欠阻尼系统的响应具有振荡特性,而临界阻尼和过阻尼系统的响应都是单调上升的。在阶跃响应不产生振荡的系统中,以临界阻尼系统的阻尼最小,调整时间最短。

二、单位斜坡响应

因单位斜坡函数的拉氏变换是 $1/S^2$,故由式(4-22)知二阶系统单位斜坡响应的拉氏变换是

$$Y(S) = \frac{\omega_n^2}{S^2 + 2\zeta\omega_n S + \omega_n^2} \cdot \frac{1}{S^2} \tag{4-47}$$

1. 对于二阶欠阻尼系统,式(4-47)可写成

$$Y(S) = \frac{\omega_n^2}{(S + \zeta\omega_n)^2 + \omega_d^2} \cdot \frac{1}{S^2}$$

将上式展开成部分分式,得

$$Y(S) = \frac{a}{S^2} + \frac{b}{S} + \frac{c}{(S + \zeta\omega_n)^2 + \omega_d^2} + \frac{d}{(S + \zeta\omega_n)^2 + \omega_d^2} \tag{4-48}$$

上式各项系数为

$$a = 1, \quad b = -\frac{2\zeta}{\omega_n}, \quad c = \frac{2\zeta}{\omega_n}(S + \zeta\omega_n), \quad d = 2\zeta^2 - 1$$

将上述各系数代入式(4-48)并进行拉氏反变换,得二阶欠阻尼系统的单位斜坡响应为

$$y(t) = t - \frac{2\zeta}{\omega_n} + e^{-\zeta\omega_n t}\left(\frac{2\zeta}{\omega_n}\cos\omega_d t + \frac{2\zeta^2 - 1}{\omega_n\sqrt{1-\zeta^2}}\sin\omega_d t\right) \qquad (4-49)$$

或

$$y(t) = t - \frac{2\zeta}{\omega_n} + \frac{e^{-\zeta\omega_n t}}{\omega_n\sqrt{1-\zeta^2}} \cdot \sin\left(\omega_d t + \mathrm{tg}^{-1}\frac{2\zeta\sqrt{1-\zeta^2}}{2\zeta^2-1}\right) \qquad (4-50)$$

2. 对于二阶临界阻尼系统，可将式(4-47)写成

$$Y(S) = \frac{\omega_n^2}{(S+\omega_n)^2} \cdot \frac{1}{S^2}$$

将上式展开成部分分式，得

$$Y(S) = \frac{1}{S^2} - \frac{2}{\omega_n}\frac{1}{S} + \frac{1}{(S+\omega_n)^2} + \frac{2}{\omega_n}\frac{1}{S+\omega_n}$$

对上式进行拉氏反变换，得二阶临界阻尼系统的单位斜坡响应为

$$y(t) = t - \frac{2}{\omega_n} + \frac{2}{\omega_n}e^{-\omega_n t}\left(1 + \frac{\omega_n t}{2}\right) \qquad (4-51)$$

3. 对于二阶过阻尼系统，其单位斜坡响应可求得为

$$y(t) = t - \frac{2\zeta}{\omega_n} - \frac{2\zeta^2 - 1 - 2\zeta\sqrt{\zeta^2-1}}{2\omega_n\sqrt{\zeta^2-1}}e^{-(\zeta+\sqrt{\zeta^2-1})\omega_n t}$$

$$+ \frac{2\zeta^2 - 1 + 2\zeta\sqrt{\zeta^2-1}}{2\omega_n\sqrt{\zeta^2-1}}e^{-(\zeta-\sqrt{\zeta^2-1})\omega_n t} \qquad (4-52)$$

　　上述系统的单位斜坡响应，也可用对它们的单位阶跃响应进行积分的方法而求得。而积分常数由零输出初始条件来确定。

　　由方程(4-49)～(4-52)知，二阶系统的单位斜坡响应是由稳态分量($t - \frac{2\zeta}{\omega_n}$)和瞬态分量两部分组成的。二阶欠阻尼系统响应的瞬态分量具有振荡特性，随着阻尼比减小，而振荡加剧；临界阻尼系统和过阻尼系统的瞬态分量则具有非振荡特性。随着时间的增长，上述三种二阶系统单位斜坡响应的瞬态分量都将衰减到零。在稳态时，响应曲线的斜率

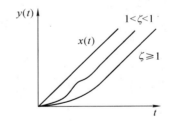

图 4-14　二阶系统的单位斜坡响应

和斜坡函数的斜率相等。二阶系统对单位斜坡输入存在跟踪位置误差，其值为 $2\zeta/\omega_n$。或者说，它们的输出滞后输入，滞后时间为 $2\zeta/\omega_n$。减小阻尼比 ζ 和增高无阻尼自然频率 ω_n 可以减小二阶系统斜坡响应的稳态误差或跟踪的时间滞后，但会影响响应的平稳性。二阶系统的单位斜坡响应如图 4-14 所示。

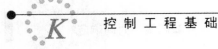

三、单位脉冲响应

单位脉冲函数的拉氏变换为 1,故由式(4-22)知,二阶系统单位脉冲响应的拉氏变换为

$$Y(S) = \frac{\omega_n^2}{S^2 + 2\zeta\omega_n S + \omega_n^2} X(S)$$
$$= \Phi(S) X(S)$$
$$= \Phi(S) \tag{4-53}$$

上式的拉氏反变换就是二阶系统的单位脉冲响应:

$$y(t) = \varphi(t) = L^{-1}[\Phi(S)] = L^{-1}\left[\frac{\omega_n^2}{S^2 + 2\zeta\omega_n S + \omega_n^2}\right] \tag{4-54}$$

式(4-54)称为二阶系统的单位脉冲响应函数。

1. 对于二阶欠阻尼系统,式(4-53)可写成

$$Y(S) = \frac{\omega_n^2}{(S + \zeta\omega_n)^2 + \omega_d^2}$$
$$= \frac{\omega_n}{\sqrt{1 - \zeta^2}} \frac{\omega_d}{(S + \zeta\omega_n)^2 + \omega_d^2}$$

对上式进行拉氏反变换,即得到二阶欠阻尼系统的单位脉冲响应函数:

$$y(t) = \frac{\omega_n}{\sqrt{1 - \zeta^2}} e^{-\zeta\omega_n t} \sin\omega_d t \tag{4-55}$$

式(4-55)表明,二阶欠阻尼系统的单位脉冲响应是以自然频率 ω_d 为频率的衰减正弦振荡。其幅值衰减的速率取决于 $\xi\omega_n$ 值。当 ω_n 一定时,ξ 愈小,振荡频率 ω_d 愈高,振荡愈剧烈,衰减愈慢。图 4-15 表示了不同 ξ 时,二阶欠阻尼系统的单位脉冲响应。

二阶欠阻尼系统单位脉冲响应的峰值时间可求得如下。因当 $t = t_p$ 时,响应速度为零,故将式(4-55)对 t 求一次导数并令其为零得:

$$\frac{\mathrm{d}}{\mathrm{d}t} y(t) \Big|_{t=t_p} = \frac{\omega_n}{\sqrt{1 - \zeta^2}} e^{-\zeta\omega_n t_p} \omega_d \cos\omega_d t_p$$

$$- \frac{\omega_n}{\sqrt{1 - \zeta^2}} \zeta\omega_n e^{-\zeta\omega_n t_p} \sin\omega_d t_p = 0$$

解这一方程,得峰值时间为

$$t_p = \frac{\varphi}{\omega_d} \tag{4-56}$$

式中 $\qquad \varphi = \mathrm{tg}^{-1} \frac{\sqrt{1 - \zeta^2}}{\zeta}$

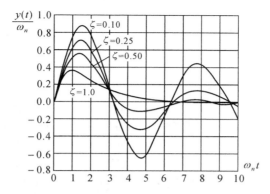

图 4-15　二阶系统的单位脉冲响应

将式(4-56)代入式(4-55),得二阶欠阻尼系统单位脉冲响应的最大峰值为

$$y(t)_{\max} = \omega_n e^{-\frac{\zeta\varphi}{\sqrt{1-\zeta^2}}} \tag{4-57}$$

2.二阶临界阻尼系统的单位脉冲响应可由式(4-53)求得。当 $\zeta = 1$ 时,式(4-53)可写成

$$Y(S) = \frac{\omega_n^2}{(S+\omega_n)^2}$$

上式经拉氏反变换后,得二阶临界阻尼系统的单位脉冲响应为

$$y(t) = \omega_n^2 t e^{-\omega_n t} \tag{4-58}$$

可见它具有单调衰减特性。

3.对于二阶过阻尼系统,可将式(4-53)写成

$$Y(S) = \frac{\omega_n^2}{(S+\zeta\omega_n+\omega_n\sqrt{\zeta^2-1})(S+\zeta\omega_n-\omega_n\sqrt{\zeta^2-1})}$$

对上式进行拉氏反变换,得二阶过阻尼系统的单位脉冲响应为:

$$y(t) = \frac{\omega_n}{2\sqrt{\zeta^2-1}}\left[e^{-(\zeta-\sqrt{\zeta^2-1})\omega_n t} - e^{-(\zeta+\sqrt{\zeta^2-1})\omega_n t}\right] \tag{4-59}$$

式(4-59)表明,二阶过阻尼系统的单位脉冲响应,也是单调衰减的。这一响应还表明,二阶过阻尼系统可以看成是两个一阶系统的串联。

4.当系统为无阻尼系统时,式(4-53)成为

$$Y(S) = \frac{\omega_n^2}{S^2+\omega_n^2}$$

它的拉氏反变换就是无阻尼系统的单位脉冲响应:

$$y(t) = \omega_n \sin\omega_n t \tag{4-60}$$

显然这是以 ω_n 为幅值和以 ω_n 为频率的等幅振荡。

上述各系统的单位脉冲响应,同样可用对它们的单位阶跃响应求导的

方法求得。

与系统特征根在复平面上位置相应的二阶系统的单位脉冲响应,如图 4-16 所示。

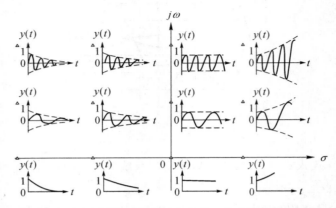

图 4-16　和系统特征根在复平面上不同位置相应的二阶系统的脉冲响应(未表示共轭根)

【例 4-1】　试分析图 2-1 所示机械式加速度仪的各个参数对阶跃响应性能的影响。又若要求系统具有最佳阻尼比,试确定各参数间的关系。

解:在第二章求得的描述该加速度仪动态性能的微分方程是

$$m \frac{\mathrm{d}^2 y}{\mathrm{d}t^2} + \mu \frac{\mathrm{d}y}{\mathrm{d}t} + ky = ma$$

式中,m 为质块的质量;μ 为粘性摩擦系数;κ 为弹簧刚度;y 为输出位移;a 为输入加速度。

因此该系统的传递函数为

$$\frac{Y(S)}{A(S)} = \frac{1}{S^2 + \frac{\mu}{m}S + \frac{k}{m}}$$

将上式和标准二阶系统的传递函数

$$\frac{Y(S)}{X(S)} = \frac{\omega_n^2}{S^2 + 2\zeta\omega_n S + \omega_n^2}$$

对比,知

$$\omega_n = \sqrt{\frac{k}{m}}, \zeta = \frac{\mu}{2\sqrt{km}}$$

可知增大 μ,减小 k 和 m 有利于提高响应的平稳性;而增大 k 减小 m 则有利于提高响应的快速性。可见,减小 m 和增大 μ 可提高系统的动态性能。而 k 值对响应的平稳性和快速性却有着不同的影响。

若要求系统具有最佳阻尼比,则

$$\frac{\mu}{2\sqrt{km}} = 0.707$$

即各参数之间的关系为

$$\mu = 1.414\sqrt{km}$$

【例4-2】 设对图4-17(a)所示机械系统的质块 m 施加大小为9.5N的阶跃力后，质块的位移 $y(t)$ 曲线如图4-17(b)所示。试确定系统的各个参数值。

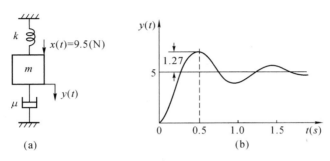

(a) (b)

图4-17 机械系统及其阶跃响应

解：系统的运动方程为

$$m\frac{d^2 y}{dt^2} + \mu\frac{dy}{dt} + ky = x(t)$$

传递函数为

$$\frac{Y(S)}{X(S)} = \frac{1/m}{S^2 + \frac{\mu}{m}S + \frac{k}{m}}$$

与标准二阶系统的传递函数对比，知

$$2\zeta\omega_n = \mu/m \qquad \omega_n^2 = k/m$$

在阶跃力作用下，响应的拉氏变换是

$$Y(S) = \frac{1}{mS^2 + \mu S + k}\frac{9.5}{S}$$

由响应曲线知，响应的稳态值是5(cm)。

利用终值定理，得：

$$y(\infty) = \lim_{S\to 0} SY(S) = \frac{9.5(N)}{k} = 5(cm)$$

故得弹簧刚度为

$$k = \frac{9.5}{5} = 1.9(N/cm)$$

由响应曲线知，系统的百分比超调是

$$P.O. = \frac{1.27}{5} \times 100\% = 25.4\%$$

利用式(4-32)求得

$$\zeta = 0.4$$

又从响应曲线知 $t_p = 0.5(s)$，故利用方程(4-30)可求得

$$\omega_n = \frac{\pi}{t_p \sqrt{1-\zeta^2}} = \frac{3.14}{0.5\sqrt{1-0.4^2}} = 6.86(s^{-1})$$

故最后求得另两参数为：

$$m = \frac{k}{\omega_n^2} = \frac{190}{6.86^2} = 4(kg)$$

$$\mu = 2\zeta\omega_n m = 2 \times 0.4 \times 6.86 \times 4 = 22(Ns/m)$$

【例 4-3】 某单位反馈系统方块图如图 4-18 所示。已知 $K = 16s^{-1}$，$T = 0.25s$，试求该系统的阻尼比和无阻尼自然频率，并计算其百分比超调和调整时间。又若要求 $P.O. = 16\%$，且 T 值不变，试确定 K 值。

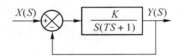

图 4-18 二阶系统方块图

解：由图 4-18 求得系统的传递函数为

$$\frac{Y(S)}{X(S)} = \frac{\dfrac{K}{T}}{S^2 + \dfrac{1}{T}S + \dfrac{K}{T}}$$

故知

$$\omega_n = \sqrt{\frac{K}{T}}, \quad \zeta = \frac{1}{2\sqrt{KT}}$$

代入已知参数求得

$$\omega_n = \sqrt{\frac{16}{0.25}} = 8(1/s)$$

$$\zeta = \frac{1}{2\sqrt{16 \times 0.25}} = 0.25$$

利用方程(4-32)求得百分比超调

$$P.O. = e^{-\zeta\pi/\sqrt{1-\zeta^2}} \times 100\% = e^{-0.25\pi/\sqrt{1-0.25^2}} \times 100\% = 47\%$$

调整时间求得如下：

当 $\Delta = 5\%$ 时

$$t_s = \frac{3}{\zeta\omega_n} = \frac{3}{0.25 \times 8} = 1.5(s)$$

当 $\Delta = 2\%$ 时

$$t_s = \frac{4}{\zeta\omega_n} = \frac{4}{0.25 \times 8} = 2(s)$$

若要求 $P.O. = 16\%$,则利用方程(4-32)求得

$$\xi = 0.5$$

于是保持 T 值不变时,K 值应取为

$$K = \frac{1}{4T\zeta^2} = \frac{1}{4 \times 0.25 \times 0.5^2} = 4(1/s)$$

第五节　高阶系统的时间响应

　　动态特性用三阶以上的微分方程描述的系统,称为高阶系统。本节先讨论典型三阶系统的单位阶跃响应,然后介绍一般形式的高阶系统的时间响应分析。

一、三阶系统的单位阶跃响应

　　典型三阶系统的传递函数可写成

$$\frac{Y(S)}{X(S)} = \frac{\omega_n^2}{(1+TS)(S^2 + 2\zeta\omega_n S + \omega_n^2)} \tag{4-61}$$

或

$$\frac{Y(S)}{X(S)} = \frac{\omega_n^2 P}{(S+P)(S^2 + 2\zeta_n S + \omega_n^2)} \tag{4-62}$$

式中,$P = \frac{1}{T}$

　　由式(4-62)求得系统的单位阶跃响应的拉氏变换为

$$Y(S) = \frac{\omega_n^2 P}{S(S+P)(S^2 + 2\zeta\omega_n S + \omega_n^2)}$$

将上式展开成部分分式并进行拉氏反变换后,可求得系统的单位阶跃响应为:

$$y(t) = 1 - K_1 e^{-Pt} + K_2 e^{-\zeta\omega_n t} \sin(\omega_n\sqrt{1-\zeta^2}\, t - \varphi) \tag{4-63}$$

式中,

$$K_1 = \frac{\omega_n^2}{\omega_n^2 - 2\zeta\omega_n P + P}$$

$$K_2 = \frac{1}{\sqrt{1 - \zeta^2 \left(1 - \frac{2\zeta\omega_n}{P} + \frac{\omega_n^2}{P^2}\right)}}$$

$$\varphi = \mathrm{tg}^{-1}\frac{\sqrt{1-\zeta^2}}{-\zeta} + \mathrm{tg}^{-1}\frac{\omega_n\sqrt{1-\zeta^2}}{P - \zeta\omega_n}$$

由式(4-63)知,三阶系统的单位阶跃响应由稳态部分、指数衰减部分和正弦衰减振荡部分等组成。显然,稳态部分决定于阶跃作用,指数衰减部分和正弦衰减振荡部分则决定于系统的参数。同时,指数衰减部分衰减的快慢决定于系统传递函数实数极点在复平面上的位置,而正弦衰减振荡部分衰减的速度则决定于共轭复数极点在复平面上的位置。

当 $\zeta = 0.3$,而 $P/\zeta\omega_n$ 取不同值时,三阶系统的单位阶跃响应如图 4-19 所示。

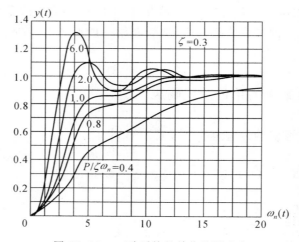

图 P4-19   三阶系统的单位阶跃响应

二、高阶系统的主导极点

图 4-19 清楚地表明,实数极点离虚轴的距离 P 相对于共轭复数极点离虚轴的距离 $\zeta\omega_n$ 的大小,将影响系统单位阶跃响应的特性。另外,实数极点的存在,也使响应的最大超调减小。

当 $P \ll \zeta\omega_n$ 时,一方面由于方程式(4-63)中 e^{-Pt} 项的衰减速度要比 $e^{-\zeta\omega_n t}$ 项的衰减速度慢得多,另一方面因

$$\lim_{p \to 0} K_1 = 1 \qquad \lim_{p \to 0} K_2 = 0$$

所以系统的响应主要受这个实数极点的影响,而一对共轭复数极点的影响就很小。或者说,在这种情况下,这个实数极点对系统的响应起着主导的作用。

若 $P \gg \xi\omega_n$,则由于 e^{-pt} 项的衰减速度要比 $e^{-\xi\omega_n t}$ 项的快得多。同时

$$\lim_{p \to \infty} K_1 = 0 \qquad \lim_{p \to \infty} K_2 = \frac{1}{\sqrt{1-\zeta^2}}$$

故这时实数极点对系统响应的影响就减小,而一对共轭复数极点却起着主导的作用。

离虚轴最近的闭环传递函数的极点,由于它对系统的瞬态响应过程的影响最大,起着主导作用,故称为主导极点。那些离虚轴的距离比主导极点离虚轴的距离大 5 倍以上的极点对响应的影响都可以忽略。

图 4-20 表示高阶系统主导极点的配置与脉冲响应的关系,由图可见,与远离虚轴的极点 S_3,S_4,S_5 对应的脉冲响应的分量衰减很快,而由主导极点 S_1,S_2 确定的分量则对系统的响应起着主要的作用。在高阶系统设计时,往往将主导极点设计成一对共轭复数极点。因为这样可以得到较短的调整时间。

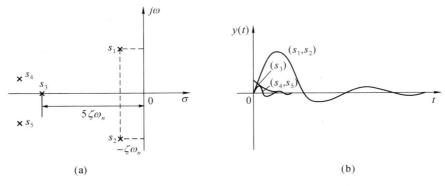

图 4-20　高阶系统主导极点的位置及其脉冲响应

三、高阶系统的时间响应分析

1.高阶系统的单位阶跃响应

n 阶系统的闭环传递函数

$$\frac{Y(S)}{X(S)} = \frac{b_m S^m + b_{m-1} S^{m-1} + \cdots + b_1 S + b_0}{a_n S^n + a_{n-1} S^{n-1} + \cdots + a_1 S + a_0}$$

可以写成如下的零极点的形式：

$$\frac{Y(S)}{X(S)} = \frac{K(S-Z_1)(S-Z_2)(S-Z_3)\cdots(S-Z_m)}{(S-P_1)(S-P_2)(S-P_3)\cdots(S-P_n)} \tag{4-64}$$

若系统闭环极点全部都是各不相等的实数极点，则系统单位阶跃响应的拉氏变换为

$$Y(S) = \frac{A_0}{S} + \sum_{i=1}^{n} \frac{A_i}{S-P_i} \tag{4-65}$$

式中 A_0 为 $Y(S)$ 在原点的留数，A_i 为 $Y(S)$ 在极点 $S=P_i$ 处的留数。而

$$A_0 = [SY(S)]_{S=0}$$
$$A_i = [(S-P_i)Y(S)]_{S=P_i}$$

对式(4-65)进行拉氏反变换，即得单位阶跃响应为

$$y(t) = A_0 + \sum_{i=1}^{n} A_i e^{P_i t} \tag{4-66}$$

若系统的闭环极点除相异的实数极点外，还包含有共轭复数极点，则由于一对共轭复数极点构成一个二阶环节，故系统单位阶跃响应的拉氏变换为

$$Y(S) = \frac{K\prod_{i=1}^{m}(S-Z_i)}{S\prod_{j=1}^{n_1}(S-P_j)\prod_{l=1}^{n_2}(S_2 + 2\zeta_l \omega_{nl} S + \omega_{nl}^2)} \tag{4-67}$$

式中 n_1 为实数极点数，n_2 为共轭复数极点的对数，而 $n_1 + 2n_2 = n$。

式(4-67)可以展开成如下的部分分式：

$$Y(S) = \frac{A_0}{S} + \sum_{j=1}^{n_1} \frac{A_j}{S-P_j} + \sum_{l=1}^{n_2} \frac{B_1(S+\zeta_l \omega_{nl}) + C_l \omega_{nl}\sqrt{1-\zeta_l^2}}{S^2 + 2\zeta_l \omega_{nl} S + \omega_{nl}^2} \tag{4-68}$$

对式(4-68)进行拉氏反变换，得系统的单位阶跃响应为

$$y(t) = A_0 + \sum_{j=1}^{n_1} A_j e^{P_j t} + \sum_{l=1}^{n_2} B_l e^{-\zeta_l \omega_{nl} t} \cos\omega_{nl}\sqrt{1-\zeta_l^2}\,t$$
$$+ \sum_{l=1}^{n_2} C_l e^{-\zeta_l \omega_{nl} t} \sin\omega_{nl}\sqrt{1-\zeta_l^2}\,t \tag{4-69}$$

上两式中，A_0，A_j，B_l 及 C_l 为常数。

式(4-66)和(4-69)表明，高阶系统的单位阶跃响应也是由稳态分量和瞬态分量组成的。稳态分量与输入作用和系统参数有关，而瞬态分量则决定于系统的参数。系统的响应函数是由一阶系统和二阶系统的响应函数组成的。

2.系统闭环零点、极点分布与阶跃响应的关系

由方程式(1-66)和(4-69)知,系统响应的特性与P_j,ξ_l,ω_{nl}有关,即和闭环极点有关。同时,响应特性还和A_j,B_l,C_l有关,而A_j,B_l和C_l的大小,又和闭环零点、极点在复平面上的位置有关。因此系统瞬态响应的特性与闭环零点、极点的分布情况有着密切的关系:

(1)对于稳定的系统,其闭环极点全部都位于复平面的左半平面上。离虚轴距离越远的极点,响应中与它相应的分量就衰减得越快。

(2)与小留数相应的分量,在总响应中所起的作用就小。因为$Y(S)$在远离原点的极点处的留数以及在接近零点的极点处的留数都比较小,所以与这些极点对应的分量在总响应中所起的作用就小。

(3)当有零点接近离虚轴最近的极点时,则该极点便失去主导极点的作用。而离虚轴次近的极点则成为主导极点。

由此可见,若位于复平面左半平面的极点远离虚轴,且各极点间的距离比较大,而各零点又靠近离虚轴近的极点,则系统的响应就具有好的快速性。

当略去一些衰减快的项与小留数相应的项,再考虑到一些零点和极点作用的抵消(工程上,当极点和零点之间的距离比它们的模值小一个数量级时,就可考虑它们作用的抵消),则一个高阶系统往往可以用一个低阶系统来近似,这样就可用简化了的低阶系统去估计高阶系统的响应特性。

【例4-4】 估计闭环传递函数为

$$\frac{Y(S)}{X(S)}=\frac{1}{(0.67S+1)(0.005S^2+0.08S+1)}$$

的系统的阶跃响应特性。

解:本系统为三阶系统,它的三个闭环极点为:

$$P_1=-1.5$$
$$P_{2,3}=-8\pm j11.7$$

极点P_2、P_3离虚轴的距离比极点P_1离虚轴的距离大4.3倍,故极点P_2、P_3对响应的影响可以忽略。极点P_1主导着系统的响应。故本系统可以近似地看成具有传递函数为

$$\frac{Y(S)}{X(S)}=\frac{1}{0.67S+1}$$

的一阶系统。系统时间常数$T=0.67(s)$。系统的阶跃响应没有超调,$\Delta=5\%$,调整时间$t_s=3T=3\times0.67=2(s)$。

【例4-5】 估算闭环传递函数为

$$\frac{Y(S)}{X(S)}=\frac{(0.61S+1)}{(0.67S+1)(0.005S^2+0.08S+1)}$$

的系统的阶跃响应特性。

解：本系统有三个闭环极点。它们是 $P_1 = -1.5$，$P_{2,3} = -8 \pm j11.7$ 和一个闭环零点 $Z_1 = -1.64$。可知零点 Z_1 和极点 P_1 非常接近，它们对系统响应的影响将相互抵消。故共轭复数极点 P_2、P_3 成为主导极点。本系统可近似地看成具有传递函数为

$$\frac{Y(S)}{X(S)} = \frac{1}{(0.005S^2 + 0.08S + 1)}$$

的二阶系统。系统的阻尼比 $\zeta = 0.57$，无阻尼自然频率 $\omega_n = 14.1(1/S)$。阶跃响应的百分比超调为

$$P.O. = e^{-\zeta\pi/\sqrt{1-\zeta^2}} \times 100\% = e^{-0.57 \times 3.14/\sqrt{1-0.57^2}} \times 100\% = 11.3\%$$

$\Delta = 5\%$ 时的调整时间

$$t_s = \frac{3}{\zeta\omega_n} = \frac{3}{0.57 \times 14.1} = 0.37(s)$$

习　　题

4-1　已知某单位反馈系统的开环传递函数为

$$G(S)H(S) = \frac{K}{TS + 1}$$

试求其单位阶跃响应。

4-2　已知某系统的闭环传递函数为

$$\frac{Y(S)}{R(S)} = \frac{\omega_n^2}{S^2 + 2\zeta\omega_n S + \omega_n^2}$$

试确定 ζ 和 ω_n 值，以满足在单位阶跃作用时的 $P.O. = 5\%$ 和 $t_s = 2(s)(\Delta = 0.02$ 时)的性能要求。

4-3　某二阶系统的方块图如图 P4-3 所示，试画出当 $k_h = 0, 0 < k_h < 1$ 和 $k_h > 1$ 时的单位阶跃响应曲线。

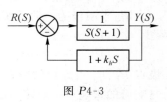

图 P4-3

4-4　设某温度计可用一阶系统表示，当它插入恒温水中一分钟时，显示了该温度值的 98%，试求其时间常数。又若将该温度计置于浴缸内，浴缸水温由 0℃ 按 10℃/min 规律上升，求温度计的测量误差。

4-5　某系统如图 P4-5 所示，若要求其单

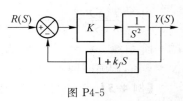

图 P4-5

位阶跃响应的百分比超调为 25%，峰值时间 $t_p = 2(s)$，试确定其 K 值与 k_f 值。

4-6　欲设计一个二阶欠阻尼系统，使其单位阶跃响应符合 $30\% > P.O. > 10\%$，$t_s < 0.4(s)(\Delta = 0.02$ 时)，试确定闭环极点的取值范围。

4-7　已知某单位反馈系统的开环传递函数为

$$G(S)H(S) = \frac{K}{S(TS+1)}$$

要求在单位阶跃作用下的调整时间 $t_s = 6(s)(\Delta = 5\%)$，百分比超调 $P.O. = 16\%$，试确定开环增益 K 和时间常数 T。

4-8　设某系统的闭环极点和闭环零点位于平行于复平面虚轴上的一条直线上，如图 P4-8 所示。求该系统的单位脉冲响应。

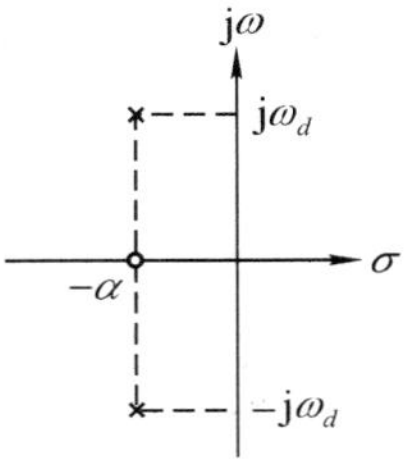

4-9　已知系统 S_1 的特征根为 $-2.1 \pm j2.14$，系统 S_2 的特征根为 $-1.5 \pm j2.6$，试画出这两个系统的单位阶跃响应曲线。

4-10　已知系统 S_1 和 S_2 的无阻尼自然频率和阻尼比分别为 $\omega_{n1} = 3, \xi_1 = 0.167, \omega_{n2} = 2, \xi_2 = 0.25$，试画出系统 S_1 和 S_2 的单位阶跃响应曲线。

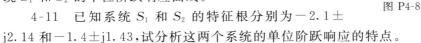

图 P4-8

4-11　已知系统 S_1 和 S_2 的特征根分别为 $-2.1 \pm j2.14$ 和 $-1.4 \pm j1.43$，试分析这两个系统的单位阶跃响应的特点。

4-12　设二阶系统的传递函数为

$$\frac{(\alpha \omega_n^2 S + \omega_n^2)}{(S^2 + 2\zeta \omega_n S + \omega_n^2)}$$

试分析它的单位阶跃响应。

第五章　控制系统的稳定性
及其时域判据

　　稳定性是保证系统正常工作的首要条件,是控制系统的一个重要性能指标。因此,分析系统的稳定性,从而求出保证系统稳定的条件,是研究控制系统的一项基本任务。

　　本章主要介绍稳定性的基本概念,系统稳定的条件以及稳定性的时域判据等。

第一节　稳定性的概念及系统稳定的条件

一、稳定性的概念

　　控制系统在外来扰动作用下,就会使被控量偏离原来的平衡值,产生初始偏差。若扰动消失后,经过足够长的时间,系统能从初始偏差状态恢复到原来的平衡状态,则系统就是稳定的;否则,系统就是不稳定的。

　　图 5-1 所示的系统 1 在扰动消失后,它的输出能回到原来的平衡状态,故它是稳定的。而系统 2 的输出呈等幅振荡,系统 3 的输出则发散,故它们都不稳定。

　　如果系统在扰动作用下的初始偏差不论多大都能稳定,那么这种系统就称为在大范围内稳定的系统。如果只有在初始偏差小于某一定值时才能稳定,那么这种系统就称为在小范围内稳定的系统。真正的线性系统,若在小范围内是稳定的,那么在大范围内也一定是稳定的。而对于非线性系统,虽然在小范围内稳定,但在大范围内不一定稳定。

　　系统的稳定性是系统本身的一种固有特性,它只决定于系统本身的结构和参数匹配。而与外作用无关。

　　不稳定的系统不但不能正常工作,有时甚至会使系统本身遭到破坏。

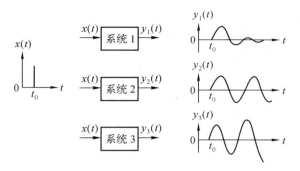

图 5-1　系统稳定性的概念

二、系统稳定的条件

线性定常系统的动态特性,可用如下的常系数线性微分方程来描述:

$$a_n \frac{\mathrm{d}^n y}{\mathrm{d}t^n} + a_{n-1} \frac{\mathrm{d}^{n-1} y}{\mathrm{d}t^{n-1}} + \cdots + a_1 \frac{\mathrm{d}y}{\mathrm{d}t} + a_0 y$$

$$= b_m \frac{\mathrm{d}^m x}{\mathrm{d}t^m} + b_{m-1} \frac{\mathrm{d}^{m-1} x}{\mathrm{d}t^{m-1}} + \cdots + b_1 \frac{\mathrm{d}x}{\mathrm{d}t} + b_0 x \qquad (5\text{-}1)$$

式中 $x(t)$ 为系统的输入, $y(t)$ 为系统的输出, a_n , a_{n-1} , $\cdots$, a_0 , b_m , b_{m-1} , $\cdots$, b_0 是由系统参数决定的常数。因此研究这一微分方程的解,就可研究所描述的系统的稳定性。

微分方程(5-1)的全解由两部分组成:第一部分是与方程(5-1)对应的齐次方程

$$a_n \frac{\mathrm{d}^n y}{\mathrm{d}t^n} + a_{n-1} \frac{\mathrm{d}^{n-1} y}{\mathrm{d}t^{n-1}} + \cdots + a_1 \frac{\mathrm{d}y}{\mathrm{d}t} + a_0 y = 0 \qquad (5\text{-}2)$$

的通解 $y_1(t)$,第二部分是方程(5-1)的特解 $y_2(t)$ 。 $y_1(t)$ 是微分方程(5-1)全解中的自由分量,它描述系统在没有输入时,在初始条件作用下的运动情况。 $y_2(t)$ 是全解中的强迫分量,它描述系统在输入作用下的运动情况。因此系统的稳定性只取决于齐次方程(5-2)的通解。显然,系统稳定的必要和充分条件是

$$\lim_{t \to \infty} y_1(t) = 0$$

即随着时间的推移,齐次方程(5-2)的解,最终应衰减到零。下面就讨论 n 阶齐次微分方程的解。

设 $y = e^{St}$ 是齐次方程(5-2)的一个解,将它代入式(5-2)得

$$(a_n S^n + a_{n-1} S^{n-1} + \cdots + a_1 S + a_0) e^{St} = 0$$

因 e^{St} 不为零,因此必有

$$a_n S^n + a_{n-1} S^{n-1} + \cdots + a_1 S + a_0 = 0 \tag{5-3}$$

这说明,只要 S 是代数方程(5-3)的根,则 $y = e^{St}$ 就是齐次方程(5-2)的解。代数方程(5-3)称为微分方程(5-1)的特征方程。

当特征方程(5-3)的根(称特征根)为 n 个互异的实根 $S_1, S_2 \cdots S_n$ 时,齐次微分方程(5-2)的通解为

$$y_1(t) = \sum_{i=1}^{n} c_i e^{S_i t} \tag{5-4}$$

如果特征根中有 K 个实数重根 S_D,则齐次方程(5-2)与重根对应的解为

$$y_{1D}(t) = \sum_{i=1}^{k} c_i t^{(i-1)} e^{S_D t} \tag{5-5}$$

若特征根中含有共轭复根 $S = a \pm j\beta$,则方程(5-2)与它对应的解为

$$y_{1C}(t) = e^{at} A \sin(\beta t + \Phi) \tag{5-6}$$

如果特征根中有零根,则齐次方程(5-2)与零根对应的解为

$$y_{1z} = C \tag{5-7}$$

上述各式中,C_i, A, C 是由初始条件决定的常数。

方程(5-4)～(5-7)表明:

(1)特征根中只要有一个是正实根,则齐次微分方程的解就发散,系统就不稳定;

(2)当特征根中的共轭复根具有正实部时,齐次方程的解呈发散振荡,故系统不稳定;

(3)若特征根中有零根,则微分方程(5-1)全解中的瞬态分量将趋于某个常值,故系统也不稳定;

(4)若特征根中含有共轭虚根,则齐次微分方程的解呈等幅振荡,这时系统出现所谓临界稳定状态。由于在实际工作中,系统的参数值往往要发生变化,因此共轭虚根有可能转变成具有正实部的共轭复根,而使系统不稳定。所以,从控制工程实践角度看,一般认为临界稳定属于系统的实际不稳定工作状态;

(5)当特征根中没有零根,没有共轭虚根,并且所有实根都是负的,共轭复根具有负实部时,齐次方程的解是指数衰减的,或衰减振荡的,因而系统稳定。

由上述分析可以得出如下结论:线性定常系统稳定的必要和充分条件是它的特征方程的所有根必须是负实数或具有负的实数部分。

因为系统的特征根就是系统的极点,故线性定常系统稳定的必要和充

分条件就是它的全部极点必须位于复平面的左半部分。

第二节　系统稳定性的时域判据

由系统稳定的必要和充分条件知,通过求解特征方程的根,可以判别系统是否稳定。但是当系统的阶次较高时,求特征方程的根将会遇到较大的困难。因此直接使用这种方法来判别系统的稳定性,往往不太方便。本节介绍两种不用求特征根,而藉特征方程的系数来判别稳定性的间接方法。

一、罗斯稳定判据

首先讨论一下特征方程的系数和特征根某些性质之间的关系。设 S_1,S_2,S_3,$\cdots$,S_n 是 n 次特征方程

$$a_n S^n + a_{n-1} S^{n-1} + \cdots + a_1 S + a_0 = 0 \tag{5-8}$$

的根,则式(5-8)可以写成

$$a_n (S - S_1)(S - S_2)(S - S_3) \cdots (S - S_{n-1})(S - S_n) = 0 \tag{5-9}$$

将各因子乘出后,式(5-9)成为

$$\begin{aligned}
&S^n - (S_1 + S_2 + S_3 + \cdots + S_{n-1} + S_n)S^{n-1} \\
&+ (S_1 S_2 + S_2 S_3 + S_1 S_3 + \cdots)S^{n-2} \\
&- (S_1 S_2 S_3 + S_1 S_2 S_4 + \cdots)S^{n-3} \\
&+ \cdots \\
&+ (-1)^n S_1 S_2 S_3 \cdots S_n = 0
\end{aligned} \tag{5-10}$$

由式(5-10)知,所有特征根的实部为负值的必要条件是特征方程的所有系数具有相同的符号,并且 S 的幂从 0 到 n 不缺一项(即方程的所有系数中,没有等于零的)。但这仅仅是必要条件,而并非充分条件。因为即使特征方程的所有系数都不为零并且符号相同,也不能保证特征根一定具有负实部,即不能保证系统是稳定的。

罗斯稳定判据可以用来校验特征方程是否满足系统稳定的充分条件。罗斯判据的证明比较麻烦,这里只介绍它的应用。

应用罗斯判据判别系统稳定性时,首先利用特征方程

$$a_n S^n + a_{n-1} S^{n-1} + \cdots + a_1 S + a_0 = 0$$

的系数构造如表5-1所示的罗斯阵列。由表可见,对于 n 阶系统,其罗斯阵列就有 $n+1$ 行。

表 5-1

行 序	列 序					
	1	2	3	4	5	6
S^n	a_n	a_{n-2}	a_{n-4}	a_{n-6}	…	…
S^{n-1}	a_{n-1}	a_{n-3}	a_{n-5}	a_{n-7}	…	…
S^{n-2}	b_1	b_2	b_3	…		
S^{n-3}	c_1	c_2	…			
…	…	…				
S^1	d_1					
S^0	e_1					

阵列中 S^n 行和 S^{n-1} 行的各个元由特征方程的系数直接构成。其他各行的元可计算如下：

$$b_1 = \frac{-1}{a_{n-1}} \begin{vmatrix} a_n & a_{n-2} \\ a_{n-1} & a_{n-3} \end{vmatrix} = \frac{a_{n-1}a_{n-2} - a_n a_{n-3}}{a_{n-1}}$$

$$b_2 = \frac{-1}{a_{n-1}} \begin{vmatrix} a_n & a_{n-4} \\ a_{n-1} & a_{n-5} \end{vmatrix} = \frac{a_{n-1}a_{n-4} - a_n a_{n-5}}{a_{n-1}}$$

$$c_1 = \frac{-1}{b_1} \begin{vmatrix} a_{n-1} & a_{n-3} \\ b_1 & b_2 \end{vmatrix} = \frac{b_1 a_{n-3} - a_{n-1} b_2}{b_1}$$

$$c_2 = \frac{-1}{b_1} \begin{vmatrix} a_{n-1} & a_{n-5} \\ b_1 & b_3 \end{vmatrix} = \frac{b_1 a_{n-5} - a_{n-1} b_3}{b_1}$$

用同样的方法可计算出所有的其他行的元。表 5-1 还表示,罗斯阵列的最后两行都只有一个元。

罗斯判据指出:当罗斯阵列的第一列中,没有一个元是零,且各个元的符号相同时,则系统稳定;否则系统就不稳定。第一列元的符号变化次数,就是特征根中带正实部的根的数目。

【例 5-1】 用罗斯判据判别特征方程为
$$S^4 + 8S^3 + 17S^2 + 16S + 5 = 0$$
的系统的稳定性。

解:利用特征方程的系数,构造罗斯阵列如下:

S^4	1	17	5
S^3	8	16	0
S^2	15	5	

S^1	13.3		
S^0	5		

罗斯阵列第一列各元符号相同,且均不为零,故系统稳定。

【例 5-2】 已知系统特征方程为

$$S^4 + 2S^3 + 3S^2 + 4S + 5 = 0$$

用罗斯判据判别其稳定性。

解:这一系统的罗斯阵列如下:

S^4	1	3	5
S^3	2	4	0
S^2	1	5	
S^1	—6		
S^0	5		

该系统罗斯阵列中第一列元的符号不完全相同,故系统不稳定。又因第一列元的符号变化两次,故特征方程有两个带正实部的根。

利用罗斯阵列,不但可以判别系统是否稳定,而且从完整的罗斯阵列还可知道造成系统不稳定的特征根的数目和性质。但是,在构造罗斯阵列时,有时会出现某一行的第一列的元为零,而其余各元不为零或部分不为零的情况;或者出现某一行的所有元都为零的情况。在这种情况下,进一步计算罗斯阵列的其他元就有困难。

在碰到罗斯阵列某一行的第一列的元为零,而其余各元不为零或部分不为零时,可用一个很小的正数 ε 来代替这个零值元,而继续求出阵列中的其他元。当第一列元有符号变化时,则符号变化次数,就是带正实部的特征根的数目,若 ε 的上、下行的第一列的元符号相同,则特征根中有一对虚根。

【例 5-3】 用罗斯判据判别特征方程为

$$S^4 + 3S^3 + S^2 + 3S + 1 = 0$$

的系统的稳定性,并说明使系统不稳定的特征根的性质。

解:系统的罗斯阵列为

S^4	1	1	1
S^3	3	3	
S^2	$0 \approx \varepsilon$	1	
S^1	$-\dfrac{3-3\varepsilon}{\varepsilon}$	0	
S^0	1		

该系统罗斯阵列中第一列出现零值元,故系统不稳定。又第一列元的符号变化两次,故特征根中有两个带正实部的根。

如果罗斯阵列中某一行出现所有元都为零,这意味着在系统的特征根中,有对称于复平面原点的根存在。这些根或者是两个符号相反,绝对值相等的实根,或者是一对共轭虚根,或者是实部符号相反、虚部数值相等的两对共轭复根。

在这种情况下,为了构造完整的罗斯阵列,以具体确定使系统不稳定的根的数目和性质,可用零元行的上一行的元构造一辅助多项式 $F(S)$,将辅助多项式对变量 S 求导一次得 $F'(S)$,然后用 $F'(S)$ 的系数作为原零元行的元,即可继续求出阵列的其他元。

由于根对称复平面的原点,故辅助多项式的次数总是偶数,它的最高方次就是特征根中对称复平面原点的根的数目。而这些根可通过解辅助方程 $F(S)=0$ 求得。

【例 5-4】 设系统的特征方程为

$$S^5 + S^4 + 3S^3 + 3S^2 + 2S + 2 = 0$$

求使系统不稳定的特征根的数目和性质。

解: 系统的罗斯阵列为

S^5	1	3	2
S^4	1	3	2
S^3	0	0	
S^2			
S^1			
S^0			

罗斯阵列的 S^3 行出现全零元。今用 S^4 行的元构造一辅助多项式 $F(S)=S^4 + 3S^2 + 2 = 0$,将 $F(S)$ 对 S 求导一次,得 $F'(S)=4S^3 + 6S = 0$。用 4,6 作 S^3 行的元。于是可构造完整的罗斯阵列如下:

S^5	1	3	2
S^4	1	3	2
S^3	4	6	
S^2	3/2	2	
S^1	2/3		
S^0	2		

罗斯阵列的第一列的元没有符号变化,故特征方程没有带正实部的根。解辅助方程得 $S = \pm j$ 和 $\pm j\sqrt{2}$,即系统的特征方程有两对虚根。

应用罗斯判据,还可以分析系统参数对稳定性的影响,以选取合理的参数值。

【例 5-5】　设系统的特征方程为
$$S^3 + (\alpha+1)S^2 + (\alpha+\beta-1)S + \beta-1 = 0$$
试应用罗斯判据,确定能使系统稳定的待定参数 α,β 的取值范围。

解:根据特征方程,构造罗斯阵列如下:

S^3	1	$\alpha+\beta-1$
S^2	$\alpha+1$	$\beta-1$
S^1	$\dfrac{\alpha(\alpha+\beta)}{\alpha+1}$	
S^0	$\beta-1$	

根据罗斯判据,当

$\alpha+1 > 0$,即 $\alpha > -1$;

$\dfrac{\alpha(\alpha+\beta)}{\alpha+\beta} > 0$,即 $\alpha > 0, \alpha+\beta > 0$

$\beta-1 > 0$,即 $\beta > 1$

时,即 $\alpha > 0, \beta > 1$ 时,系统稳定。

在时域分析中,以实部最大的特征根到虚轴的距离 a 来表示系统的稳定裕量或相对稳定性(关于这一概念后面还要详细讨论)。具有稳定裕量 a 的系统,其特征根应该位于复平面上 $S = -a$ 直线的左边,如图 5-2 所示的阴影部分。应用罗斯判据,可以选择某些参数值,以使系统满足稳定裕量的要求。

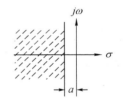

图 5-2　系统具有稳定裕量 α 时,特征根的位置

【例 5-6】　已知某单位反馈系统的开环传递函数为
$$G(S)H(S) = \frac{K}{S(0.1S+1)(0.25S+1)}$$
试求使系统满足稳定裕量 $a=1$ 时,K 的取值范围。

解:系统的特征方程为
$$0.025S^3 + 0.35S^2 + S + K = 0$$
当要求系统的稳定裕量 $a=1$ 时,可在原特征方程中用 (S_1-1) 代替 S,得
$$0.025(S_1-1)^3 + 0.35(S_1-1)^2 + (S_1-1) + K = 0$$
化简后得
$$S_1^3 + 11S_1^2 + 15S_1 + (40K-27) = 0$$
根据新特征方程作罗斯阵列如下:

S^3	1	15
S^2	11	$(40K-27)$
S^1	$\dfrac{15\times 11-(40K-27)}{11}$	
S^0	$(40K-27)$	

由罗斯判据知,应使

$$15\times 11-(40K-27)>0$$

和

$$40K-27>0$$

故 K 的取值范围为

$$0.675<K<4.8$$

二、霍尔维茨稳定判据

霍尔维茨判据同罗斯判据一样,也是利用特征方程的系数判别系统稳定性。霍尔维茨判据可从罗斯判据推出,它比罗斯判据大约迟 20 年提出。

霍尔维茨判据的主要内容是,根据特征方程

$$a_n S^n + a_{n-1}S^{n-1} + \cdots + a_1 S + a_0 = 0$$

的系数作一主行列式

$$\Delta_n = \begin{vmatrix} a_{n-1} & a_n & 0 & 0 & 0 & 0 & \cdots \\ a_{n-3} & a_{n-2} & a_{n-1} & a_n & 0 & \cdots & 0 \\ a_{n-5} & a_{n-4} & a_{n-3} & a_{n-2} & a_{n-1} & \cdots & 0 \\ a_{n-7} & a_{n-6} & a_{n-5} & a_{n-4} & a_{n-3} & \cdots & \cdots \\ a_{n-9} & a_{n-8} & a_{n-7} & a_{n-6} & a_{n-5} & \cdots & \cdots \\ \cdots & \cdots & \cdots & \cdots & \cdots & \cdots & \cdots \\ 0 & 0 & 0 & 0 & 0 & \cdots & 0 \end{vmatrix}$$

在这一行列式中,从左上方到右下方,对角线上的元为从 a_{n-1} 开始的下标递减的特征方程的系数;以对角线上的元为起点,每行向左的元是下标递减的系数,向右是下标递增的系数;若下标大于 n 或小于零时,该元则为零。

系统稳定的必要和充分条件是 $a_n>0$,以及上述主行列式及其对角线上的各子行列式都大于零。即

$$a_n>0$$

$$\Delta_1 = a_{n-1}>0$$

$$\Delta_2 = \begin{vmatrix} a_{n-1} & a_n \\ a_{n-3} & a_{n-2} \end{vmatrix}>0$$

$$\Delta_3 = \begin{vmatrix} a_{n-1} & a_n & 0 \\ a_{n-3} & a_{n-2} & a_{a-1} \\ a_{n-5} & a_{n-4} & a_{n-3} \end{vmatrix} > 0$$

·················

$$\Delta_n > 0$$

应用霍尔维茨判据要进行行列式计算。因此,当系统阶次高时,比较麻烦,故一般只在 $n < 4 \sim 5$ 时采用。

当 $n = 1$ 时,特征方程为

$$a_1 S + a_0 = 0$$

稳定条件为 $a_1 > 0$;$\Delta = a_0 > 0$,即所有系数大于零。

当 $n = 2$ 时,特征方程为

$$a_2 S^2 + a_1 S + a_0 = 0$$

稳定条件为 $a_2 > 0$;$\Delta_1 = a_1 > 0$;$\Delta_2 = \begin{vmatrix} a_1 & a_2 \\ 0 & a_0 \end{vmatrix} = a_1 a_0 > 0$

即当二阶系统的特征方程式所有系数为正值时,系统必然稳定。

当 $n = 3$ 时,特征方程式为

$$a_3 S^3 + a_2 S^2 + a_1 S^1 + a_0 = 0$$

稳定条件是

$$a_3 > 0;\Delta_1 = a_2 > 0$$

$$\Delta_2 = \begin{vmatrix} a_2 & a_3 \\ a_0 & a_1 \end{vmatrix} = a_1 a_2 - a_0 a_3 > 0$$

$$\Delta_3 = \begin{vmatrix} a_2 & a_3 & 0 \\ a_0 & a_1 & a_2 \\ 0 & 0 & a_0 \end{vmatrix} = a_0 \Delta_2 > 0$$

即三阶系统稳定的条件是特征方程式所有系数大于零,并且还要 $\Delta_2 > 0$。

当 $n = 4$ 时,特征方程式为

$$a_4 S^4 + a_3 S^3 + a_2 S^2 + a_1 S + a_0 = 0$$

系统稳定的条件是:$a_4 > 0$,$\Delta_1 = a_3 > 0$

$$\Delta_2 = \begin{vmatrix} a_3 & a_4 \\ a_1 & a_2 \end{vmatrix} = a_2 a_3 - a_1 a_4 > 0$$

$$\Delta_3 = \begin{vmatrix} a_3 & a_4 & 0 \\ a_1 & a_2 & a_3 \\ 0 & a_0 & a_1 \end{vmatrix} = a_1 \begin{vmatrix} a_3 & a_4 \\ a_1 & a_2 \end{vmatrix} - a_0 \begin{vmatrix} a_3 & 0 \\ a_1 & a_3 \end{vmatrix} = a_1 \Delta_2 - a_0 a_3^2 > 0$$

$$\Delta_4 = \begin{vmatrix} a_3 & a_4 & 0 & 0 \\ a_1 & a_2 & a_3 & a_4 \\ 0 & a_0 & a_1 & a_2 \\ 0 & 0 & 0 & a_0 \end{vmatrix} = a_0 \Delta_3 > 0$$

可见,对于四阶系统,当特征方程所有系数以及 Δ_3 都大于零时,系统必然稳定。可以证明,当特征方程的所有系数都为正值时,对于 n 阶系统,若 $\Delta_{n-1} > 0; \Delta_{n-3} > 0; \Delta_{n-5} > 0 \cdots$ 则系统是稳定的。利用这一规律性,可以减少计算工作量。

罗斯判据和霍尔维茨判据,都是利用齐次微分方程的系数来判别系统稳定性的,故称它们为时域稳定判据。又它们主要是通过方程系数的代数运算,故又称为代数判据。这两种判据的共同缺点是不易看出系统各个参数对稳定性的具体影响,以及改善系统稳定性的途径。

第三节　结构性不稳定系统

无法通过调整系统参数使之稳定的系统称为结构性不稳定系统。图5-3所示的系统就是一个结构性不稳定系统。因为该系统的特征方程

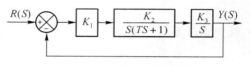

图 5-3　结构性不稳定系统

$$TS^3 + S^2 + K_1 K_2 K_3 = 0$$

缺少了一项,所以不论 T、K_1、K_2、K_3 取任何值,都不能使系统稳定。引入局部反馈或 $P + D$(比例 + 微分)控制可以消除结构性不稳定。

图5-4是在原系统中引入局部反馈控制后的方块图。这时,系统的特征方程变为

$$TS^3 + K_3 HTS^2 + K_3 HS + K_1 K_2 K_3 = 0$$

可见特征方程不缺项。

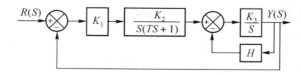

图 5-4　引入局部反馈以消除结构性不稳定

在原系统中引入 $P + D$ 控制后的方块图如图5-5所示。这时,系统的特

征方程为

$$TS^3 + S^2 + K_1 K_2 K_3 \tau S + K_1 K_2 K_3 = 0$$

可见特征方程也不缺项。

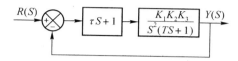

图 5-5　引入 $P + D$ 控制以消除结构性不稳定

习　　题

5-1　用罗斯判据判别特征方程为

（1）　$S^5 + 2S^4 + S^3 + 3S^2 + 4S + 5 = 0$

（2）　$2S^4 + S^3 + 3S^2 + 5S + 10 = 0$

的系统的稳定性。

5-2　用罗斯判据判别特征方程为

（1）　$S^4 + 2S^3 + S^2 + 2S + 1 = 0$

（2）　$S^6 + 2S^5 + 8S^4 + 12S^3 + 20S^2 + 16S + 16 = 0$

的系统的稳定性。

5-3　试确定使图 P5-3 所示系统稳定的 K 值。

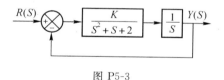

图 P5-3

5-4　已知单位反馈系统的开环传递函数为

$$G(S)H(S) = \cfrac{K}{S\left(\cfrac{S^2}{\omega_n^2} + 2\zeta \cfrac{S}{\omega_n} + 1\right)}$$

其中，$\omega_n = 90\left(\dfrac{1}{s}\right)$，$\zeta = 0.2$，试确定使系统稳定的 K 值。

5-5　试确定使图 P5-5 所示系统稳定的 K 值。

5-6　在题 5-5 中，若要求系统的特征根全部位于直线 $S = -1$ 之左，试确定 K 值的取值范围。

5-7　图 P5-7 所示为一水位控制器，要求在用水流量 Q_2 变动情况下，通过调节进水流量 Q_1，使水位保持 H_0。设进水流量与阀门开度成正比，执行

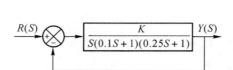

图 P5-5

电机的传递函数为 $\dfrac{K}{S(TS+1)}$。试画出这一系统的方块图,并分析其稳定性。

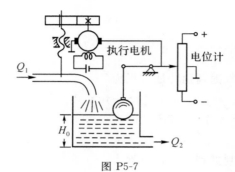

图 P5-7

第六章　控制系统的稳态误差

　　控制精度是对控制系统的一项基本要求。而系统的稳态误差则是衡量系统控制精度的一种尺度。

　　系统产生稳态误差的因素很多。系统的结构与参数，系统中各元件的工作质量，如零漂、死区、间隙、静摩擦等，都和稳态误差有密切的关系。另外稳态误差还和输入信号的形式、大小有关。

　　本章主要讨论系统结构、参数和输入信号与稳态误差的关系。

第一节　偏差、误差和稳态误差

一、偏差、误差

　　偏差信号 $E(S)$ 是指参考输入信号 $R(S)$ 和反馈信号 $B(S)$ 之差，即

$$E(S) = R(S) - B(S) = R(S) - H(S)Y(S) \tag{6-1}$$

误差信号 $\varepsilon(S)$ 是指被控量的期望值 $Y_d(S)$ 和被控量的实际值 $Y(S)$ 之差，即

$$\varepsilon(S) = Y_d(S) - Y(S) \tag{6-2}$$

　　由控制系统的工作原理知，当偏差 $E(S)$ 等于零时，系统将不进行调节。此时被控量的实际值与期望值相等。于是由式（6-1）得到被控量的期望值 $Y_d(S)$ 为

$$Y_d(S) = \frac{1}{H(S)} R(S) \tag{6-3}$$

将式（6-3）代入式（6-2）求得误差 $\varepsilon(S)$ 为

$$\varepsilon(S) = \frac{1}{H(S)} R(S) - Y(S) \tag{6-4}$$

由式（6-1）和式（6-4）得误差与偏差的关系为

$$\varepsilon(S) = \frac{1}{H(S)} E(S) \tag{6-5}$$

式（6-5）表明，对于单位反馈系统，误差和偏差是相等的。对于非单位反馈系统，误差不等于偏差。但由于偏差和误差之间具有确定性的关系，故往往也把偏差作为误差的度量。

二、稳态误差

下面分析系统在参考输入和干扰共同作用下的误差。由图6-1可求得系统的输出为

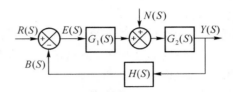

图 6-1　控制系统方块图

$$Y(S) = \frac{G_1(S)G_2(S)}{1+G_1(S)G_2(S)H(S)}R(S)$$
$$+ \frac{G_2 S}{1+G_1(S)G_2(S)H(S)}N(S) \tag{6-6}$$

将式（6-6）代入式（6-4）得误差

$$\varepsilon(S) = \left[\frac{1}{H(S)} - \frac{G_1(S)G_2(S)}{1+G_1(S)G_2(S)H(S)}\right]R(S)$$
$$+ \left[-\frac{G_2(S)}{1+G_1(S)G_2(S)H(S)}\right]N(S)$$

或

$$\varepsilon(S) = \Phi_\varepsilon(S)R(S) + \Phi_{\varepsilon N}(S)N(S) \tag{6-7}$$

式中

$$\Phi_\varepsilon(S) = \frac{1}{H(S)} - \frac{G_1(S)G_2(S)}{1+G_1(S)G_2(S)H(S)} \tag{6-8}$$

$$\Phi_{\varepsilon N}(S) = \frac{G_2(S)}{1+G_1(S)G_2(S)H(S)} \tag{6-9}$$

$\Phi_\varepsilon(S)$是误差信号$\varepsilon(S)$对参考输入$R(S)$的传递函数，而$\Phi_{\varepsilon N}(S)$是误差信号$\varepsilon(S)$对干扰信号$N(S)$的传递函数。

对方程（6-7）进行拉氏反变换，可求得系统在参考输入和干扰共同作用下的误差$\varepsilon(t)$。误差$\varepsilon(t)$包含瞬态分量和稳态分量。对于稳定的系统，在瞬态过程结束后，瞬态分量基本消失，而$\varepsilon(t)$的稳态分量就是系统在参考输入和干扰作用下的稳态误差。

对于随动系统,参考输入信号是不断变化的,而系统的输出应以一定的精度跟随控制信号的变化而变化,故在参考输入作用下的稳态误差常用来衡量随动系统的工作精度。由于自动调节系统的参考输入信号通常是恒定的,故常用在干扰作用下的稳态误差来衡量它们的工作精度。

第二节　　参考输入作用下系统的稳态误差

一、利用终值定理求稳态误差

　　考虑到偏差和误差之间存在确定性关系,同时,在单位反馈系统中,偏差和误差相等,故这里主要讨论稳态偏差 $e_{ss}(t)$。

　　设系统的开环传递函数为 $G(S)H(S)$,当不考虑干扰的影响时,由式(6-5)和(6-8)可得

$$E(S) = \frac{1}{1 + G(S)H(S)}R(S) \qquad\qquad (6\text{-}10)$$

利用终值定理可求得稳态偏差 e_{ss} 为

$$e_{ss} = \lim_{S \to 0} \frac{S}{1 + G(S)H(S)}R(S) \qquad\qquad (6\text{-}11)$$

　　下面分别讨论参考输入为单位阶跃函数、单位斜坡函数和单位抛物线函数时,系统的稳态偏差。

　　1. 单位阶跃函数输入

　　当参考输入为单位阶跃函数时,系统稳态偏差为

$$e_{ss} = \lim_{S \to 0} \frac{S}{1 + G(S)H(S)} \frac{1}{S} = \frac{1}{1 + K_P} \qquad\qquad (6\text{-}12)$$

式中 K_p 称为位置偏差系数,其值为

$$K_p = \lim_{S \to 0} G(S)H(S) \qquad\qquad (6\text{-}13)$$

将开环传递函数 $G(S)H(S)$ 写成如下带时间常数的形式:

$$G(S)H(S) = \frac{K(\tau_1 S + 1)\cdots(\tau_j^2 S^2 + 2\zeta\tau_j S + 1)\cdots}{S^v(T_1 S + 1)\cdots(T_i^2 S^2 + 2\zeta T_i S + 1)\cdots} \qquad (6\text{-}14)$$

式中 K 为开环增益,v 为积分环节数。一般为了叙述方便,常根据 v 值来定义系统的型别。$v = 0$ 时,称 0 型系统;$v = 1$ 时,称 Ⅰ 型系统;$v = 2$ 时,称 Ⅱ 型系统等。由式(6-13)和(6-14)知,对于

$$0 \text{ 型系统} \qquad\qquad K_p = K; \qquad\qquad e_{ss} = \frac{1}{(1 + K)}$$

$$\text{Ⅰ 型系统} \qquad K_p = \infty \qquad e_{ss} = 0$$

$$\text{Ⅱ 型系统} \qquad K_p = \infty \qquad e_{ss} = 0$$

可见 0 型系统在阶跃函数作用下的稳态偏差为有限值。Ⅰ 型及 Ⅰ 型以上系统在阶跃函数作用下的稳态偏差等于零,故 Ⅰ 型及 Ⅰ 型以上系统又称为无差系统。而 Ⅰ 型系统称为一阶无差系统。

当系统开环增益 $K \gg 1$ 时,在单位阶跃函数作用下,0 型系统的稳态偏差可近似地取为

$$e_{ss} \approx \frac{1}{K} \qquad\qquad (6\text{-}15)$$

式(6-15)表明,开环增益愈高,稳态精度也愈高。

因开环传递函数 $G(S)H(S)$ 可以写成两个 S 的多项式之比,即

$$G(S)H(S) = \frac{b_m S^m + b_{m-1} S^{m-1} + \cdots + b_1 S + b_0}{a_n S^n + a_{n-1} S^{n-1} + \cdots + a_1 S + a_0} \qquad (6\text{-}16)$$

对于 0 型系统,对比式(6-14)和式(6-16)有

$$K = \frac{b_0}{a_0}$$

于是 0 型系统在单位阶跃函数作用下的 e_{ss} 亦可由下式近似求得:

$$e_{ss} \approx \frac{a_0}{b_0} \qquad\qquad (6\text{-}17)$$

2.单位斜坡函数输入

当参考输入为单位斜坡函数时,系统的稳态偏差为

$$e_{ss} = \lim_{S \to 0} \frac{S}{1 + G(S)H(S)} \frac{1}{S^2} = \frac{1}{K_v} \qquad (6\text{-}18)$$

式中,K_v 称为速度偏差系数,其值为

$$K_v = \lim_{S \to 0} S G(S)H(S) \qquad\qquad (6\text{-}19)$$

由式(6-14)和式(6-19)知,对于

$$\text{0 型系统} \qquad K_v = 0; \qquad\qquad e_{ss} = \infty$$

$$\text{Ⅰ 型系统} \qquad K_v = K; \qquad\qquad e_{ss} = \frac{1}{K}$$

$$\text{Ⅱ 型系统} \qquad K_v = \infty; \qquad\qquad e_{ss} = 0$$

可见在斜坡函数作用下,0 型系统的稳态偏差为无限大。Ⅰ 型的为有限值,只有 Ⅱ 型及 Ⅱ 型以上系统的稳态偏差才等于零。故 Ⅱ 型系统又称二阶无差系统。

3.单位抛物线函数输入

当参考输入为单位抛物线函数时,系统的稳态偏差为

$$e_{ss} = \lim_{S \to 0} \frac{S}{1 + G(S)H(S)} \frac{1}{S^3} = \frac{1}{K_a} \qquad (6\text{-}20)$$

式中 K_a 称为加速度偏差系数,其值为

$$K_a = \lim_{S \to 0} S^2 G(S) H(S) \qquad (6\text{-}21)$$

由式(6-14)和式(6-21)知,对于

0 型系统	$K_a = 0$;	$e_{ss} = \infty$
Ⅰ 型系统	$K_a = 0$;	$e_{ss} = \infty$
Ⅱ 型系统	$K_a = K$;	$e_{ss} = \dfrac{1}{K}$
Ⅲ 型系统	$K_a = \infty$;	$e_{ss} = 0$

可见,在这种情况下,只有Ⅲ型和Ⅲ型以上的系统,其稳态偏差才等于零。

表 6-1 综合了上述分析的结果。由表可见:

表 6-1　在典型参考输入作用下,系统的稳态偏差

系统型别	偏差系数			单位阶跃输入	单位斜坡输入	单位抛物线输入
υ	K_p	K_υ	K_a	$e_{ss} = \dfrac{1}{(1 + K_p)}$	$e_{ss} = \dfrac{1}{K_\upsilon}$	$e_{ss} = \dfrac{1}{K_a}$
0	K	0	0	$\dfrac{1}{(1 + K)}$	∞	∞
Ⅰ	∞	K	0	0	$\dfrac{1}{K}$	∞
Ⅱ	∞	∞	K	0	0	$\dfrac{1}{K}$

(1)对于同一系统,在不同的参考输入作用下,系统的稳态偏差是不同的。

(2)系统的稳态偏差与系统的型别有关。在相同的参考输入作用下,系统型别愈高,则稳态精度也愈高。

(3)系统的稳态偏差随开环增益的增高而减小。

位置偏差系数 K_p 反映系统跟踪阶跃函数输入的能力;速度偏差系数 K_υ 反映系统跟踪斜坡函数输入(即等速输入)的能力。而加速度偏差系数 K_a 则反映系统跟踪抛物线函数输入(即等加速输入)的能力。它们都是衡量系统被控量的实际值与期望值接近程度的尺度。这三个系数又称为静态偏差系数。

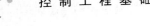

【例 6-1】 利用终值定理计算具有开环传递函数

$$G(S)H(S) = \frac{10}{S+1}$$

的单位反馈系统分别在单位阶跃函数、单位斜坡函数和单位抛物线函数作用下的稳态误差。

解： 本系统为 0 型系统，$K_p = 10$，$K_v = 0$，$K_a = 0$。又对于单位反馈系统，稳态误差与稳态偏差相等。故参考输入为单位阶跃函数时

$$\varepsilon_{ss} = \frac{1}{1+K_p} = \frac{1}{11}$$

参考输入为单位斜坡函数和单位抛物线函数时

$$\varepsilon_{ss} = \frac{1}{K_v} = \infty$$

和

$$\varepsilon_{ss} = \frac{1}{K_a} = \infty$$

【例 6-2】 已知某单位反馈系统的开环传递函数为

$$G(S)H(S) = \frac{2.5(S+1)}{S^2(0.25S+1)}$$

试求在参考输入 $r(t) = 4 + 6t + 3t^2$ 作用下系统的稳态误差。

解： 偏差系数为

$$K_p = \lim_{S \to 0} \frac{2.5(S+1)}{S^2(0.25S+1)} = \infty$$

$$K_v = \lim_{S \to 0} S \frac{2.5(S+1)}{S^2(0.25S+1)} = \infty$$

$$K_a = \lim_{S \to 0} S^2 \frac{2.5(S+1)}{S^2(0.25S+1)} = 2.5$$

对于线性系统，其稳态误差为

$$\varepsilon_{ss} = \frac{4}{1+K_p} + \frac{6}{K_v} + \frac{6}{K_a}$$

$$= \frac{4}{1+\infty} + \frac{6}{\infty} + \frac{6}{2.5} = 2.4$$

二、利用动态误差系数求稳态误差

利用静态偏差系数求稳态误（偏）差，只能求得在与单位阶跃函数，单位斜坡函数和单位抛物线函数有关的输入作用下的稳态误差的终值，无法求出在任意形式的输入作用下，系统稳态误差随时间变化的规律。下面介绍用

动态误差系数求取系统稳态误差的方法。

当计算系统在参考输入作用下的稳态误差时,令式(6-7)中的 $N(S)=0$ 得

$$\varepsilon(S) = \Phi_\varepsilon(S)R(S) \tag{6-22}$$

将误差传递函数 $\Phi_\varepsilon(S)$ 在 $S=0$ 的邻域内展开成泰勒级数得

$$\Phi_\varepsilon(S) = \Phi_\varepsilon(0) + \Phi_\varepsilon^{(1)}(0)S + \frac{1}{2!}\Phi_\varepsilon^{(2)}(0)S^2 + \cdots \tag{6-23}$$

将式(6-23)代入式(6-22)得

$$\Phi_\varepsilon(S) = \Phi_\varepsilon(0)R(S) + \Phi_\varepsilon^{(1)}(0)SR(S) + \frac{1}{2!}\Phi_\varepsilon^{(2)}(0)S^2R(S) + \cdots \tag{6-24}$$

对式(6-24)在零初始条件下进行拉氏反变换得

$$\varepsilon_{ss}(t) = \Phi_\varepsilon(0)r(t) + \Phi_\varepsilon^{(1)}(0)r^{(1)}(t) + \frac{1}{2!}\Phi_\varepsilon^{(2)}(0)r^{(2)}(t) + \cdots \tag{6-25}$$

因式(6-23)所示级数是在 $S=0$ 的邻域展开的。故由式(6-25)计算所得的误差表征着 $t \to \infty$ 时系统的误差,即稳态误差,也就是系统瞬态过程结束以后任一时刻的稳态误差。

若设

$$\frac{1}{K_0} = \Phi_\varepsilon(0)$$

$$\frac{1}{K_1} = \Phi_\varepsilon^{(1)}(0) = \frac{d\Phi_\varepsilon(S)}{dS}\Big|_{S=0}$$

$$\frac{1}{K_2} = \frac{1}{2!}\Phi_\varepsilon^{(2)}(0) = \frac{1}{2!}\frac{d^2\Phi_\varepsilon(S)}{dS^2}\Big|_{S=0}$$

则式(6-25)可近似地写成

$$\varepsilon_{ss}(t) = \frac{1}{K_0}r(t) + \frac{1}{K_1}r^{(1)}(t) + \frac{1}{K_2}r^{(2)}(t) \tag{6-26}$$

式(6-26)右边第一项反映参考输入信号本身引起的稳态误差,故称 K_0 为动态位置误差系数;第二项反映参考输入信号的一阶导数引起的稳态误差,故称 K_1 为动态速度误差系数;第三项反映参考输入信号的二阶导数引起的稳态误差,故称 K_2 为动态加速度误差系数。

【例 6-3】 已知某单位反馈系统的开环传递函数为

$$G(S)H(S) = \frac{10}{S+1}$$

利用动态误差系数,求该系统分别在单位阶跃函数、单位斜坡函数和单位抛物线函数的参考输入作用下的稳态误差。

解：误差传递函数为

$$\Phi_\epsilon(S) = \frac{1}{1+G(S)H(S)} = \frac{S+1}{S+11}$$

将它在 $S = 0$ 的邻域展开成泰勒级数得

$$\Phi_\epsilon(S) = \frac{1}{11} + \frac{10}{11^2}S - \frac{10}{11^3}S^2 + \cdots$$

由式(6-25)得

$$\epsilon_{ss}(t) = \frac{1}{11}r(t) + \frac{10}{11^2}\frac{\mathrm{d}r(t)}{\mathrm{d}t} - \frac{10}{11^3}\frac{\mathrm{d}^2r(t)}{\mathrm{d}t^2}$$

当参考输入为单位阶跃函数时，

$$r(t) = t, \quad \frac{\mathrm{d}r(t)}{\mathrm{d}t} = 1, \quad \frac{\mathrm{d}^2r(t)}{\mathrm{d}t^2} = 0$$

故系统的稳态误差为

$$\epsilon_{SS}(t) = \frac{1}{11}$$

当参考输入为单位斜坡函数时，

$$r(t) = 1, \quad \frac{\mathrm{d}r(t)}{\mathrm{d}t} = 0, \quad \frac{\mathrm{d}^2r(t)}{\mathrm{d}t^2} = 0$$

故系统的稳态误差为

$$\epsilon_{SS}(t) = \frac{1}{11}t + \frac{10}{121}$$

当参考输入为单位抛物线函数时，

$$r(t) = \frac{1}{2}t^2, \quad \frac{\mathrm{d}r(t)}{\mathrm{d}t} = t, \quad \frac{\mathrm{d}^2r(t)}{\mathrm{d}t^2} = 1$$

故系统的稳态误差为

$$\epsilon_{SS}(t) = \frac{1}{22}t^2 + \frac{10}{121}t - \frac{10}{1331}$$

对比本例和例 6-1 知，利用静态偏差系数和动态误差系数所求得的稳态误差，其终值是相等的。但利用动态误差系数还能求得系统瞬态过程结束以后任意时刻的稳态误差的大小。

【例 6-4】 有两个单位反馈系统，其开环传递函数分别为

$$G_1(S)H_1(S) = \frac{10}{S(S+1)}$$

$$G_2(S)H_2(S) = \frac{10}{S(2S+1)}$$

试比较它们复现参考输入信号 $r(t) = 5 + 2t + 3t^2$ 的能力。

解：将两系统的误差传递函数在 $S = 0$ 的邻域展开成泰勒级数得：

$$\Phi_{\varepsilon 1}(S) = \cfrac{1}{1 + \cfrac{10}{S(S+1)}} = \frac{S^2 + S}{S^2 + S + 10}$$

$$= 0.1S + 0.09S^2 - 0.019S^3 + \cdots$$

$$\Phi_{\varepsilon 2}(S) = \cfrac{1}{1 + \cfrac{10}{S(2S+1)}}$$

$$= \frac{2S^2 + S}{2S^2 + S + 10} = 0.1S + 0.19S^2 - 0.039S^3 + \cdots$$

于是系统的稳态误差分别为

$$\varepsilon_{SS1}(t) = 0.1(2 + 6t) + 0.09 \times 6$$

$$\varepsilon_{SS2}(t) = 0.1(2 + 6t) + 0.19 \times 6$$

可见,虽然两个系统的开环增益相同,具有相等的稳态误差的终值,但它们复现参考输入信号的能力是不同的。系统 1 在跟随参考输入过程中,具有比较小的误差,故它复现参考输入信号的能力要比系统 2 强。

当难以求得误差传递函数的高阶导数时,可用误差传递函数的分母多项式去除它的分子多项式,并将它展开成 S 的升幂级数的方法,求出动态误差系数。

【例 6-5】　试求开环传递函数为

$$G(S)H(S) = \frac{K}{S(TS+1)}$$

的单位反馈系统的动态误差系数。

解:系统的误差传递函数为

$$\Phi_{\varepsilon} = \frac{1}{1 + G(S)H(S)} = \frac{S(TS+1)}{S(TS+1)+K} = \frac{S + TS^2}{K + S + TS^2}$$

用 $\Phi_{\varepsilon}(S)$ 的分母去除分子,即

$$\begin{array}{r|l}
 & 0 \quad\;\; + \dfrac{1}{K}S + \dfrac{TK-1}{K^2}S^2 + \dfrac{1-2KT}{K^3}S^3 + \cdots \\[2mm]
\hline
K + S + TS^2 & S \quad + TS^2 \\[2mm]
 & S \quad + \dfrac{1}{K}S^2 \qquad + \dfrac{T}{K}S^3 \\[2mm]
\hline
 & \quad\;\; \dfrac{TK-1}{K}S^2 - \dfrac{T}{K}S^3 \\[2mm]
 & \quad\;\; \dfrac{TK-1}{K}S^2 + \dfrac{TK-1}{K^2}S^3 + \dfrac{T(TK-1)}{K^2}S^4 \\[2mm]
\hline
 & \qquad\qquad \dfrac{1-2KT}{K^2}S^3 - \dfrac{T(TK-1)}{K^2}S^4 \\[2mm]
 & \qquad\qquad \dfrac{1-2KT}{K^2}S^3 + \dfrac{1-2KT}{K^2}S^4 + \cdots \\[2mm]
\hline
 & \qquad\qquad\qquad\qquad \cdots\cdots
\end{array}$$

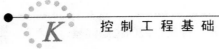

于是求得：

$$K_0 = \infty, K_1 = K, K_2 = \frac{K^2}{TK-1}$$

第三节　　在干扰作用下系统的稳态误差

图 6-1 表示的系统，在干扰作用下，其误差 $\varepsilon_N(S)$ 可用式（6-9）求得如下：

$$\varepsilon_N(S) = -\frac{G_2(S)}{1 + G_1(S)G_2(S)H(S)}N(S) \tag{6-27}$$

利用拉氏变换的终值定理，可得稳态误差为

$$\varepsilon_{NSS} = \lim_{S \to 0} S\varepsilon_N(S) = -\lim_{S \to 0} \frac{SG_2(S)}{1 + G_1(S)G_2(S)H(S)}N(S) \tag{6-28}$$

式（6-28）表明，在干扰作用下，系统的稳态误差与开环传递函数、干扰以及干扰作用的位置有关。下面通过例子作进一步的说明。

【例 6-6】　求图 6-2 所示单位反馈系统，在单位阶跃干扰作用下的稳态误差。

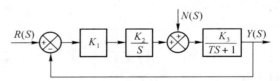

图 6-2　干扰作用下的单位反馈系统

解： 由式（6-28）求得在单位阶跃干扰作用下，系统的稳态误差为

$$\varepsilon_{NSS} = -\lim_{S \to 0} \frac{S\dfrac{K_3}{TS+1}}{1 + \dfrac{K_1 K_2 K_3}{S(TS+1)}}\frac{1}{S} = 0$$

【例 6-7】　求图 6-3 所示单位反馈系统，在单位阶跃干扰甲下的稳态误差。

解： 由式（6-28）知，系统在单位阶跃干扰作用下的稳态误差为

$$\varepsilon_{NSS} = -\lim_{S \to 0} \frac{S\dfrac{K_2 K_3}{S(TS+1)}}{1 + \dfrac{K_1 K_2 K_3}{S(TS+1)}}\frac{1}{S} = -\frac{1}{K_1}$$

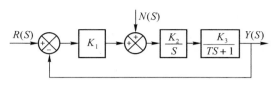

图 6-3　干扰作用下的单位反馈系统

以上分析表明,在典型干扰作用下,系统稳态误差与偏差信号到干扰作用点之间的积分环节的数目以及增益的大小 有关,而与干扰作用点后面的积分环节的数目和增益的大小无关。

系统在干扰作用下的稳态误差,也可利用动态误差系数进行分析计算。

系统在参考输入和干扰共同作用下的稳态误差,可利用叠加原理,将两种作用分别引起的稳态误差进行叠加。

讨论系统的稳态误差是在系统稳定的前提下进行的,对于不稳定的系统,也就不存在稳态误差问题。

第四节　　提高系统稳态精度的措施

一般可采取如下措施减小或消除系统的稳态误差,以提高系统的稳态精度。

1. 提高系统的型别

提高系统的型别,特别是在干扰作用点前引入积分环节,可以减小稳态误差,但单纯提高系统的型别,会降低系统的稳定程度。所以一般不采用高于 Ⅱ 型的系统。

2. 提高系统的开环增益

提高系统的开环增益,可以明显提高 0 型系统在阶跃输入、Ⅰ 型系统在斜坡输入、Ⅱ 型系统在抛物线输入作用下的稳态精度。但当开环增益过高时,同样会降低系统的稳定程度。

3. 采用前馈控制

(1) 引入前馈控制补偿参考输入产生的误差

图 6-4 表示用以补偿参考输入产生的误差的前馈控制。图中 $G_c(S)$ 为补偿器的传递函数。由图可得系统的输出为

$$Y(S) = \frac{[1 + G_c(S)]G(S)}{1 + G(S)}R(S)$$　　　　　　(6-29)

系统的误差为

$$\varepsilon(S) = R(S) - Y(S) = \frac{1 - G_c(S)G(S)}{1 + G(S)}R(S) \tag{6-30}$$

令 $\varepsilon(S)$ 等于零得

$$G_c(S) = \frac{1}{G(S)} \tag{6-31}$$

因此根据式(6-31)设计补偿器时,可使系统在参考输入作用下的稳态误差等于零。

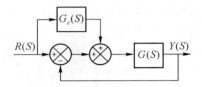

图 6-4   补偿参考输入产生的误差的前馈控制

(2) 引入前馈控制补偿干扰产生的误差

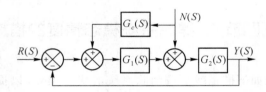

图 6-5   补偿干扰产生的误差的前馈控制

补偿由于干扰作用所产生的误差的前馈控制原理如图 6-5 所示,图中 $G_c(S)$ 为补偿器的传递函数。由图可得系统在干扰作用下的输出为

$$Y(S) = \frac{G_2(S) + G_c(S)G_1(S)G_2(S)}{1 + G_1(S)G_2(S)}N(S) \tag{6-32}$$

令式(6-32)等于零,得

$$G_c(S) = -\frac{1}{G_1(S)} \tag{6-33}$$

可见当根据式(6-33)确定补偿器的传递函数时,就可以消除干扰引起的误差。

很明显,这一控制系统之所以能对干扰实现全补偿,是因为由干扰送入最后一个加法点的两条通道的信号大小相等、极性相反之故。

习　题

6-1 求图 P6-1 所示系统。

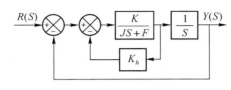

图 P6-1

(1) 在参考输入为单位阶跃函数时的稳态误差 ε_{ss}；

(2) 在单位斜坡函数的参考输入作用下的稳态误差 ε_{ss}。

6-2 某单位反馈控制系统的传递函数为

$$\frac{Y(S)}{R(S)} = \frac{a_1 S + a_0}{a_n S^n + a_{n-1} S^{n-1} + \cdots + a_1 S + a_0}$$

求参考输入为斜坡函数时的稳态误差 ε_{ss}。

6-3 求由传递函数

$$\frac{Y(S)}{R(S)} = \frac{10}{(S+1)(5S^2 + 2S + 10)}$$

描述的单位反馈控制系统的动态误差系数。

6-4 求开环传递函数为

$$G(S)H(S) = \frac{10}{S(S+1)}$$

的单位反馈控制系统在参考输入 $r(t) = a_0 + a_1 t + a_2 t^2$ 作用下的稳态误差 $\varepsilon_{ss}(t)$。

6-5 为使图 P6-5(a) 所示的系统在参考输入 $r(t) = at$ (a 为任意常数) 作用下的稳态误差 $\varepsilon_{ss} = 0$，采用图 P6-5(b) 所示的前馈控制。求补偿器的参数 K。

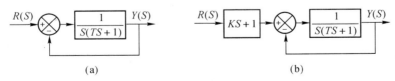

(a)　　　　　　　　　　　　(b)

图 P6-5

6-6 要求图 P6-6(a) 所示的系统，在进行如图 P6-6(b) 所示的前馈控制后，使在斜坡函数的参考输入作用下，稳态误差 $\varepsilon_{ss} = 0$。求补偿器的传递函

数 $G_c(S)$。

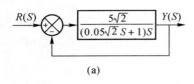

(a)

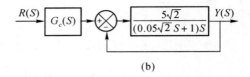

(b)

图 P6-6

第七章 控制系统的根轨迹分析

反馈控制系统的性能主要决定于系统闭环传递函数的极点,即闭环特征根在复平面上分布的情况。因此,求解出系统特征方程的根,就可对系统进行分析。但是,要求解高阶系统的特征根,却并不是容易的事。

闭环极点与开环零点、开环极点和开环增益有关。一般开环零点、极点是比较容易求得的,所以,如果能根据开环零点、极点在复平面上的分布直接确定闭环极点在复平面上的分布,那问题就变得简单多了。

伊万斯(W. R. Evans)在1948年提出了一种求解反馈系统特征根的图解法。利用这一方法,可以根据开环传递函数的零点和极点在复平面上的分布情况,求出系统某一参数(通常取开环根增益)变化时,闭环特征根在复平面上移动的轨迹。这一轨迹称为根轨迹。利用根轨迹分析、设计系统时,无需求解微分方程,也不用求解特征根。

本章主要介绍有关根轨迹的概念,根轨迹的性质,绘制根轨迹的步骤以及控制系统的根轨迹分析等。

第一节 根轨迹与根轨迹方程

一、根轨迹

根轨迹是指当系统某一参数(如开环增益)由零变到无穷大时,闭环特征根在复平面上移动的轨迹。

在详细介绍作根轨迹的一般方法之前,这里先介绍一个能用解析法求出闭环特征根的简单系统的根轨迹。

设系统的开环传递函数为

$$G(S)H(S) = \frac{K}{S(S+1)} \tag{7-1}$$

则其闭环传递函数为

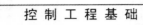
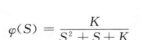
$$\varphi(S) = \frac{K}{S^2 + S + K} \qquad\qquad (7\text{-}2)$$

故其特征方程是

$$S^2 + S + K = 0$$

于是可求得闭环特征根

$$S_1 = -\frac{1}{2} + \frac{1}{2}\sqrt{1 - 4K}$$

$$S_2 = -\frac{1}{2} - \frac{1}{2}\sqrt{1 - 4K}$$

今以 K 为参变量,作出 K 值由零变到无穷大时,闭环特征根 S_1 和 S_2 的移动轨迹。

因为当 $K = 0$ 时,$S_1 = 0$,$S_2 = -1$;当 $K = 1/4$ 时,$S_1 = S_2 = -1/2$,故可知当 K 值由零变到 $1/4$ 时,特征根 S_1 沿着实轴由 $(0, j0)$ 点移到 $\left(-\frac{1}{2}, j0\right)$ 点,而特征根 S_2 则沿着实轴 $(-1, j0)$ 点移动到 $\left(-\frac{1}{2}, j0\right)$ 点。两个特征根在 $\left(-\frac{1}{2}, j0\right)$ 点会合。

当 K 值大于 $1/4$ 时,特征根 S_1 和 S_2 成为一对共轭复根。故当 K 值由 $1/4$ 变到无穷大时,两个特征根将在 $(-1/2, j0)$ 点离开实轴。根 S_1 沿着直线 $S = -1/2$ 朝 $j\infty$ 方向移动,而根 S_2 则沿着同一条直线朝 $-j\infty$ 方向移动。

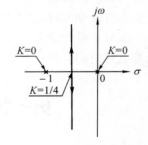

图 7-1 是式$(7\text{-}2)$ 所示系统的根轨迹图。它清楚地表明 K 的取值对系统性能的影响:

图 7-1　式$(7\text{-}2)$ 所示系统的根轨迹

（1）大于零的任何 K 值都能使系统稳定;

（2）当 $0 < K < 1/4$ 时,系统呈过阻尼状态;

（3）当 $K = 1/4$ 时,系统呈临界阻尼状态;

（4）当 $K > 1/4$ 时,系统呈欠阻尼状态。

二、根轨迹方程

开环传递函数为 $G(S)H(S)$ 的反馈控制系统,其特征方程为

$$1 + G(S)H(S) = 0$$

或

$$G(S)H(S) = -1 \tag{7-3}$$

显然,满足式(7-3)的 S 值就是系统的特征根,或者说,就是根轨迹上的点。故称式(7-3)为根轨迹方程。

因为 $G(S)H(S)$ 是复变量 S 的函数,可以表示成矢量,故可将根轨迹方程(7-3)分解成幅值方程。

$$|G(S)H(S)| = 1 \tag{7-4}$$

和幅角方程

$$\angle G(S)H(S) = \pm 180°(2k+1) \tag{7-5}$$

式中, $k = 0,1,2,\cdots$

若将开环传递函数写成带零、极点的形式:

$$G(S)H(S) = \frac{K_r(S-Z_1)(S-Z_2)\cdots(S-Z_m)}{(S-P_1)(S-P_2)\cdots(S-P_n)} \tag{7-6}$$

即

$$G(S)H(S) = \frac{K_r \prod\limits_{j=1}^{m}(S-Z_j)}{\prod\limits_{i=1}^{n}(S-P_i)} \tag{7-7}$$

由幅值方程可写成

$$\frac{K_r \prod\limits_{j=1}^{m}|S-Z_j|}{\prod\limits_{i=1}^{n}|S-P_i|} = 1 \tag{7-7}$$

式中, K_r 为开环根增益。而幅角方程可写成

$$\sum_{j=1}^{m} \angle(S-Z_j) - \sum_{i=1}^{n} \angle(S-P_i) = \pm 180°(2k+1) \tag{7-8}$$

式中, $k = 0,1,2,\cdots$

可见,由复平面上满足幅值方程(7-7)和幅角方程(7-8)的点所构成的图形就是根轨迹。

由式(7-7)和式(7-8)知,幅值方程与开环根增益 K_r 有关,而幅角方程则与 K_r 无关。将满足幅角方程的 S 值代入幅值方程中,总可求得一个对应的 K_r 值,也就是说,满足幅角方程的 S 值,一定能满足幅值方程。因此,幅角方程是确定反馈控制系统根轨迹的充要条件。

下面举例说明如何根据幅角方程利用图解试探法作根轨迹。

【例 7-1】　运用幅角方程作开环传递函数为

$$G(S)H(S) = \frac{K}{S(S+1)}$$

的反馈控制系统的根轨迹。

解: 本系统没有开环零点,但是有两个开环极点:$P_1 = 0, P_2 = -1$。其幅角方程可写成:

$$\angle G(S)H(S) = -\angle S - \angle(S+1) = \pm 180°(2k+1)$$

首先看实轴上哪些点满足幅角方程。对于$(-1, j0)$点左边的所有点S_1,有

$$\angle G(S_1)H(S_1) = -\angle S_1 - \angle(S_1+1)$$
$$= -180° - 180° = -360°$$

对于坐标原点右边的所有点S_2,有

$$\angle G(S_2)H(S_2) = -\angle S_2 - \angle(S_2+1)$$
$$= -0° - 0° = 0°$$

对于$(-1, j0)$点和坐标原点之间的所有点S_3,有

$$\angle G(S_3)H(S_3) = -\angle S_3 - \angle(S_3+1)$$
$$= -180° - 0°$$
$$= -180°$$

可见实轴上在-1和0之间的点才是根轨迹上的点。

现在再看复平面上哪些点还满足幅角方程。对于复平面上的任意点S_4,有

$$\angle G(S_4)H(S_4) = -\angle S_4 - \angle(S_4+1)$$
$$= -\theta_1 - \theta_2$$

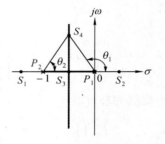

图 7-2　例 7-1 中系统的根轨迹

很明显,只有当S_4位于线段P_1P_2的垂直平分线上时,才能满足幅角方程,才是根轨迹上的点。

经过上述逐点试探,求得根轨迹如图 7-2 中粗线所示。

第二节　　根轨迹的基本性质

采用试探方法固然可以作出根轨迹,但颇感不便。利用根轨迹的基本性质,可以更加方便地作出根轨迹。

根轨迹具有如下基本性质:

1. 由n阶特征方程描述的系统,具有n条根轨迹。

因为n阶特征方程具有n个特征根,当开环根增益变化时,这n个特征根

在复平面上的位置也随之变动而形成 n 条根轨迹。

2. 若反馈控制系统具有 n 个开环极点，m 个开环零点，并且 $n > m$，则有 m 条根轨迹起始于开环极点并终止于开环零点；有 $(n-m)$ 条根轨迹起始于开环极点而终止于无穷远处。

根轨迹的这一性质可证明如下。根据幅值方程(7-7)有

$$\lim_{K_r \to 0} \frac{\prod\limits_{j=1}^{m} |S - Z_j|}{\prod\limits_{i=1}^{n} |S - P_i|} = \lim_{K_r \to 0} \frac{1}{K_r} = \infty \qquad (7\text{-}9)$$

式(7-9)表明，S 的值必须趋近于开环极点，即系统的 n 条根轨迹均起始于开环极点。也就是说，$K_r = 0$ 时的闭环极点就是开环极点。

同样，根据幅值方程(7-7)有

$$\lim_{K_r \to \infty} \frac{\prod\limits_{j=1}^{m} |S - Z_j|}{\prod\limits_{i=1}^{n} |S - P_i|} = \lim_{K_r \to \infty} \frac{1}{K_r} = 0 \qquad (7\text{-}10)$$

很明显，只有当 $|S - Z_j|$，$(j = 1, 2, \cdots, m)$，等于零，或 $|S - P_i|$，$(i = 1, 2, \cdots, n)$，等于无穷大时，式(7-10)才成立。所以有 m 条根轨迹终止于开环零点；而剩下的 $(n-m)$ 条根轨迹则终止于无穷远处。如果把这理解为有 $(n-m)$ 个开环零点位于无穷远处(无限零点)，则可以说，$K_r = \infty$ 时的闭环极点就是开环零点。

3. 根轨迹对称于实轴

因为系统的特征根一般包括实数和复数，对于实数特征根，它们必定位于实轴上。而复数特征根一定是共轭成对出现。所以根轨迹必定对称于实轴。

4. 实轴上一段根轨迹右侧的开环零点个数与开环极点个数之和为奇数。

根轨迹的这一性质可利用幅角方程来证明。系统开环零点、极点一般包括实数和复数。图7-3表示三个开环极点和一个开环零点在复平面上的一种分布情况。图中实轴上 $P_1 Z_1$ 段为根轨迹。在 $P_1 Z_1$ 段根轨迹上任取一点 S_1，则 $P_1 Z_1$ 段左侧的实数零点 Z_1(或其他实数零点、极点)引向 S_1 所作矢量的幅角都等于零。从共轭复数极点 P_2，P_3(或其他共轭复数零点、极点)引向 S_1 所作矢

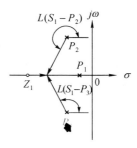

图 7-3 实轴上根轨迹
右侧的零点、极点个数

量的幅角之和(如 $\angle(S_1 - P_2) + \angle(S_1 - P_3)$ 都等于 $360°$。只有该段根轨迹右侧的极点 P_1(或其他实数零点、极点)引向 S_1 所作矢量的幅角才等于 $180°$。由幅角方程(7-8)知,实轴上一段根轨迹右侧的开环零点个数与开环极点个数之和应为奇数。

5. 若反馈系统具有 n 个开环极点,m 个开环零点,并且 $n > m$,则终止于无穷远处的 $(n - m)$ 条根轨迹,将随着开环根增益无限增大而分别趋近于 $(n - m)$ 条直线。这些直线称为根轨迹的渐近线。根轨迹渐近线与实轴正方向的交角 θ 为

$$\theta = \frac{180°(2k + 1)}{n - m}$$

式中:$k = 0, 1, 2, \cdots, (n - m - 1)$。而根轨迹渐近线与实轴交点的横坐标 λ 为:

$$\lambda = \frac{\sum_{i=1}^{n} P_i + \sum_{j=1}^{m} Z_j}{n - m} \qquad (7\text{-}12)$$

式中 P_i, Z_j 分别为系统的开环极点和开环零点。

下面证明根轨迹的这一性质。将式(7-3)写成

$$G(S)H(S) = \frac{K_r(S - Z_1)(S - Z_2) \cdots (S - Z_m)}{(S - P_1)(S - P_2) \cdots (S - P_n)} = -1$$

上式还可写成

$$K_r \frac{S^m + \sum_{j=1}^{m} (-Z_j) S^{m-1} + \cdots + \prod_{j=1}^{m} (-Z_j)}{S^n + \sum_{i=1}^{n} (-P_i) S^{n-1} + \cdots + \prod_{i=1}^{n} (-P_i)} = -1$$

或

$$\frac{S^n + \sum_{i=1}^{n} (-P_i) S^{n-1} + \cdots + \prod_{i=1}^{n} (-P_i)}{S^m + \sum_{j=1}^{m} (-Z_j) S^{m-1} + \cdots + \prod_{j=1}^{m} (-Z_j)} = -K_r \qquad (7\text{-}13)$$

因为 $n > m$,所以当 K_r 趋于无穷大时,式(7-13)中的 S 也将趋于无穷远。因此,对于所讨论的问题,只需研究 S 阶次较高的几项即可。故式(7-13)可近似地写成

$$S^{n-m} + \left[\sum_{i=1}^{n} (-P_i) - \sum_{j=1}^{m} (-Z_j) \right] S^{n-m-1} = -K_r$$

或

$$S^{n-m} \left[1 + \frac{\sum_{i=1}^{n} (-P_i) - \sum_{j=1}^{m} (-Z_j)}{S} \right] = -K_r \qquad (7\text{-}14)$$

对式(7-14)开$(n-m)$次方,并考虑到$e^{j(2k+1)\pi} = -1, (k = 0, 1, 2, \cdots)$,则可得

$$S[1 + \frac{\sum\limits_{i=1}^{n}(-P_i) - \sum\limits_{j=1}^{m}(-Z_j)}{S}]^{\frac{1}{n-m}} = K_r^{\frac{1}{n-m}}e^{\frac{j(2k+1)\pi}{n-m}} \qquad (7\text{-}15)$$

用牛顿二项式定理将式(7-15)展开,考虑到$S \to \infty$,分母为S高次幂的项可以忽略,则得

$$S[1 + \frac{1}{n-m} \frac{\sum\limits_{i=1}^{n}(-P_i) - \sum\limits_{j=1}^{m}(-Z_j)}{S}] = K_r^{\frac{1}{n-m}}e^{\frac{j(2k+1)\pi}{n-m}}$$

或

$$S = \frac{\sum\limits_{i=1}^{n}P_i - \sum\limits_{j=1}^{m}Z_j}{n-m} + K_r^{\frac{1}{n-m}}e^{\frac{j(2k+1)\pi}{n-m}} \qquad (7\text{-}16)$$

式(7-16)可用图7-4所示的矢量表示。图中

$$\theta = \frac{180°(2k+1)}{n-m}$$

$$\lambda = \frac{\sum\limits_{i=1}^{n}P_i - \sum\limits_{j=1}^{m}Z_j}{n-m}$$

由图7-4知,矢量λ的幅角为180°,幅值不变。而$(n-m)$个矢量$K_r^{\frac{1}{n-m}}e^{j\theta}$中的任何一个,随着$K_r$趋于无穷大,其幅值也趋于

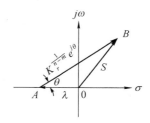

图7-4　式(7-16)的矢量表示

无穷大。但与实轴正方向的夹角则不变。也就是说,这$(n-m)$个矢量在复平面上的位置是不变的。另一方面,当K_r趋于无穷大时,矢量S的端点B也就是矢量$K_r^{\frac{1}{n-m}}e^{j\theta}$的端点。因此,这就证明了矢量$K_r^{\frac{1}{n-m}}e^{j\theta}$分别是$(n-m)$条根轨迹的渐近线。

6. 根轨迹分离点(或会合点)的坐标值是方程

$$\sum_{i=1}^{n}\frac{1}{S-P_i} = \sum_{j=1}^{m}\frac{1}{S-Z_i} \qquad (7\text{-}17)$$

或方程

$$A(S)\frac{\mathrm{d}B(S)}{\mathrm{d}S} - B(S)\frac{\mathrm{d}A(S)}{\mathrm{d}S} = 0 \qquad (7\text{-}18)$$

的根。式(7-17)中,P_i和Z_j分别为开环极点和开环零点。而式(7-18)中的$A(S)$和$B(S)$则由开环传递函数

$$G(S)H(S) = \frac{K_r(S^m + b_{m-1}S^{m-1} + \cdots + b_1 S + b_0)}{S^n + a_{n-1}S^{n-1} + \cdots + a_1 S + a_0} = \frac{K_r B(S)}{A(S)}$$

$$(7-19)$$

定义。

几条根轨迹在复平面上相遇后又分开的那个点称为根轨迹的分离点（或会合点）。当根轨迹在实轴上某一点相遇后又分开时，一般将根轨迹离开实轴的那个点称为分离点（如图 7-5(a) 所示），而将根轨迹进入实轴的那个点称为会合点（如图 7-5(b) 所示）。

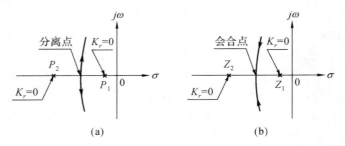

图 7-5　根轨迹在实轴上的分离点和会合点

式(7-17)可证明如下：当开环根增益 K_r 为某一数值时，几条根轨迹相遇后又分开，这表示 K_r 为该值时系统的特征方程具有重根。而分离点或会合点的坐标值就是该重根的大小。因此，确定分离点或会合点的坐标，实质上就是求解系统特征方程的重根。

图 7-5 表示根轨迹的分离点和会合点位于实轴上的情况，这时，随着开环根增益 K_r 的变化，系统特征方程将出现实重根。分析实数根和 K_r 的关系知，当特征方程出现重根时，K_r 具有极值。当分离点（会合点）位于复平面上其他位置时，则随着 K_r 的变化，系统特征方程将出现复数重根。同样，出现复数重根时，K_r 具有极值。因此，根轨迹分离点（会合点）的坐标可以通过求 K_r 的极值的方法来求得。

将根轨迹方程写成：

$$K_r = -\frac{\prod\limits_{i=1}^{n}(S - P_i)}{\prod\limits_{j=1}^{m}(S - Z_j)}$$

$$(7-20)$$

将式(7-20)对 S 求导，并令其等于零可得

$$\frac{\dfrac{\mathrm{d}}{\mathrm{d}S}\prod\limits_{i=1}^{n}(S-P_i)}{\prod\limits_{i=1}^{n}(S-P_i)} = \frac{\dfrac{\mathrm{d}}{\mathrm{d}S}\prod\limits_{j=1}^{m}(S-Z_j)}{\prod\limits_{j=1}^{m}(S-Z_j)}$$

或

$$\frac{\mathrm{d}\ln\prod\limits_{i=1}^{n}(S-P_i)}{\mathrm{d}S} = \frac{\mathrm{d}\ln\prod\limits_{j=1}^{m}(S-Z_j)}{\mathrm{d}S} \tag{7-21}$$

因

$$\ln\prod_{i=1}^{n}(S-P_i) = \sum_{i=1}^{n}\ln(S-P_i)$$

$$\ln\prod_{j=1}^{m}(S-Z_j) = \sum_{j=1}^{m}\ln(S-Z_j)$$

故式(7-21)可写成

$$\sum_{i=1}^{n}\frac{\mathrm{d}\ln(S-P_i)}{\mathrm{d}S} = \sum_{j=1}^{m}\frac{\mathrm{d}\ln(S-Z_j)}{\mathrm{d}S}$$

于是得到

$$\sum_{i=1}^{n}\frac{1}{S-P_i} = \sum_{j=1}^{m}\frac{1}{S-Z_j}$$

上式就是方程式(7-17)。

又利用式(7-19),可将根轨迹方程写成

$$K_r = -\frac{A(S)}{B(S)} \tag{7-22}$$

将式(7-22)对 S 求导并令其等于零,即可得到方程(7-18)。

若根轨迹位于实轴上两个相邻的开环极点之间,则这两个极点之间必定存在一个分离点;如果根轨迹位于实轴上两个相邻开环零点(其中之一可以是无限零点)之间,则这两个零点之间必定存在一个会合点;若根轨迹位于实轴上一个开环极点和一个开环零点(有限零点或无限零点)之间,则在这相邻的零、极点之间或者既无分离点也无会合点,或者既有分离点也有会合点。

离开实轴或进入实轴的根轨迹与实轴正交。

7. 根轨迹离开开环复数极点处的切线与实轴正方向构成的出射角 θ_P(如图 7-6(a)所示)为

$$\theta_P = 180°(2k+1) + \sum_{j=1}^{m}\alpha_j - \sum_{i=1}^{n-1}\beta_i \tag{7-23}$$

根轨迹进入开环复数零点处的切线与实轴正方向构成的入射角 θ_Z(如

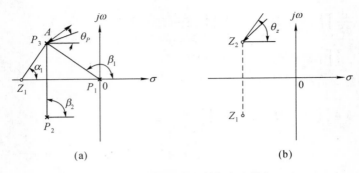

图 7-6　根轨迹的出射角和入射角

图 7-6(b) 所示) 为

$$\theta_z = 180°(2k+1) + \sum_{j=1}^{m-1} \alpha_j + \sum_{i=1}^{n} \beta_i \qquad (7-24)$$

式(7-23)的右端第二项是所有有限开环零点到所论复数极点的矢量幅角 α_j 之和;第三项是其他开环极点到所论复数极点的矢量幅角 β_i 之和。而方程(7-24)右端的第二项是其他有限开环零点到所论复数零点的矢量幅角 α_j 之和;第三项是所有开环极点到所论复数零点的矢量幅角 β_i 之和。

式(7-23)证明如下:设系统的开环零点、极点分布如图 7-6(a) 所示,今求根轨迹离开开环复数极点 P_3 时的出射角 θ_P。在假定的根轨迹(因根轨迹尚未作出)上取一个与复数极点 P_3 无限接近的点 A,则由极点 P_3 到点 A 的矢量幅角就是所要求的出射角 θ_P。

由于点 A 无限接近开环复数极点 P_3,因此其他开环零点、极点引向根轨迹上点 A 的矢量幅角可以看成是这些开环零点、极点引向所论复数极点 P_3 的矢量幅角。于是,根据幅角方程(7-8)得到

$$\alpha_1 - \theta_P - \beta_1 - \beta_2 = 180°(2k+1)$$

即

$$\theta_P = 180°(2k+1) + \alpha_1 - (\beta_1 + \beta_2)$$

将上式推广,则可得在一般情况下计算出射角的关系式(7-23)。根据同样的分析方法,可求得计算入射角的关系式(7-24)。

8. 若根轨迹与虚轴相交,则交点的坐标 ω 以及与此交点对应的开环根增益 K_r,可分别由方程

$$\mathrm{Re}[1 + G(j\omega)H(j\omega)] = 0 \qquad (7-25)$$

和

$$\mathrm{Im}[1 + G(j\omega)H(j\omega)] = 0 \qquad (7-26)$$

求得。

方程(7-25)和(7-26)分别称为实部方程和虚部方程。它们是将 $S = j\omega$ 代入特征方程 $1 + G(S)H(S) = 0$ 并分解成实部和虚部后得到的。

9. 当开环极点个数比开环零点个数多 2 或 2 以上时，随着开环根增益 K_r 的变化，若某些闭环特征根在复平面上向左移动，则必有另一些闭环特征根在复平面上向右移动。根轨迹的这一性质可进一步说明如下。

利用方程(7-6)，可将反馈控制系统的特征方程

$$S^n + a_{n-1}S^{n-1} + a_{n-2}S^{n-2} + \cdots + a_1 S + a_0 = 0 \tag{7-27}$$

写成

$$\prod_{i=1}^{n}(S - P_i) + K_r \prod_{j=1}^{m}(S - Z_j) = 0 \tag{7-28}$$

若 $S_1, S_2, \cdots, S_n$ 是式(7-27)的 n 个根，则式(7-27)所示的特征方程还可写成

$$(S - S_1)(S - S_2)\cdots(S - S_n) = 0 \tag{7-29}$$

根据代数方程的系数与根的关系，并考虑到 $(n - m) \geqslant 2$，有

$$\sum_{i=1}^{n} S_i = \sum_{i=1}^{n} P_i \tag{7-30}$$

即当 $(n - m) > 2$ 时，n 个闭环特征根的代数和等于 n 个开环极点的代数和。因此，在开环极点已定的情况下，当开环根增益 K_r 变化时，若某些闭环特征根在复平面上向左移动，则另一些闭环特征根必定向右移动。

第三节　　根轨迹的绘制

应用幅角方程采用试探法绘制根轨迹是相当繁琐的。本节将介绍利用根轨迹的性质绘制根轨迹的方法。

一、绘制根轨迹的一般步骤

绘制以开环根增益为变化参数的根轨迹的一般步骤是：

1. 将开环传递函数写成带零点、极点的表达式。在复平面上标出开环零点和开环极点的位置；

2. 利用根轨迹的性质确定：

(1) 根轨迹的条数、起始点和终止点；

(2) 实轴上的根轨迹；

(3) 根轨迹渐近线的条数，它们与实轴正方向的交角 θ 以及与实轴交点的坐标 λ；

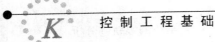
(4) 实轴上分离点和会合点的坐标；

(5) 出射角 θ_P 和入射角 θ_Z；

(6) 与虚轴交点的坐标 ω。

在此之后，再考虑到根轨迹对称于实轴，就可从开环极点出发引向开环零点(包括有限零点和无限零点)逐条画出根轨迹。

3. 在根轨迹上标注开环根增益 K_r 或开环增益 K。

在根轨迹上对应某一点 S_c 的开环根增益 K_r 值可由式(7-7)所示的幅值方程求得：

$$K_r = \frac{\prod\limits_{i=1}^{n} |S_C - P_i|}{\prod\limits_{j=1}^{m} |S_C - Z_j|} \qquad (7-31)$$

式(7-31) 表明，对应根轨迹上某一点 S_c 的开环根增益 K_r 是由开环极点 P_i 引向该 S_c 点的 n 个矢量幅值之积对由开环零点 Z_j 引向该 S_c 点的 m 个矢量幅值之积的商。

如果要求在根轨迹上标注开环增益 K，则 K 值可由开环根增益 K_r 经换算得到。

二、根轨迹绘制举例

【例 7-2】 绘制开环传递函数为

$$G(S)H(S) = \frac{K}{S(0.05S+1)(0.05S^2+0.2S+1)}$$

的反馈控制系统的根轨迹。

解： 1. 将开环传递函数写成带零点、极点的形式，在复平面上标出开环零点、极点的位置：

$$\begin{aligned} G(S)H(S) &= \frac{K}{S(0.05S+1)(0.05S^2+0.2S+1)} \\ &= \frac{400K}{S(S+20)(S^2+4S+20)} \\ &= \frac{K_r}{S(S+20)(S+2+j4)(S+2-j4)} \end{aligned}$$

故知系统有 4 个开环极点，即 $P_1 = 0, P_2 = -20, P_{3,4} = -2 \pm j4$。系统没有开环零点。4 个开环极点在复平面上的位置如图 7-7 所示。又知 $K_r = 400K$。

2. 根轨迹的条数、起始点和终止点：

因系统有 4 个开环极点，没有开环零点，故有 4 条分别起始于上述开环极点和终止于无穷远处的根轨迹。

3.实轴上的根轨迹:

实轴上开环极点 P_1,P_2 之间一段是根轨迹。

4.根轨迹的渐近线:

因有 4 条终止于无穷远处的根轨迹,故有 4 条根轨迹渐近线。它们和实轴正方向的交角 θ 以及和实轴交点的坐标 λ,可利用公式(7-11)和(7-12)计算如下:

$$\theta = \frac{180°(2k+1)}{n-m} = \frac{180°(2k+1)}{4}$$

分别以 $k = 0,1,2$ 和 3 代入上式得

$$\theta_1 = 45°, \quad \theta_2 = 135°, \quad \theta_3 = 225° = -135°, \quad \theta_4 = 315° = -45°$$

$$\lambda = \frac{\sum_{i=1}^{n} P_i - \sum_{j=1}^{m} Z_j}{n-m}$$

$$= \frac{(0) + (-20) + (-2+j4) + (-2-j4)}{4} = -6$$

5.分离点的坐标:

实轴上在开环极点 P_1 和 P_2 之间有一个分离点。根据公式(7-17)有

$$\frac{1}{S} + \frac{1}{S+20} + \frac{1}{S+2+j4} + \frac{1}{S+2-j4} = 0$$

用试探法求解这一方程得 $S = -15.1$,即分离点是在实轴 -15.1 处。

6.根轨迹在复数开环极点处的出射角:

系统有一对共轭复数的开环极点,根轨迹起始于该两极点时的出射角 θ_{P3} 和 θ_{P4} 可利用公式(7-23)计算如下(参看图 7-7):

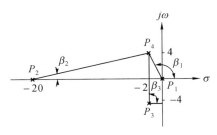

图 7-7 例 7-2 系统的开环极点在复平面上的位置

在开环极点 P_4 处的出射角为

$$\theta_{P4} = 180°(2k+1) + \sum_{j=1}^{m} \alpha_j - \sum_{i=1}^{n-1} \beta_i$$

$$= 180°(2k+1) - \beta_1 - \beta_2 - \beta_3$$

取 $k = 0$,并将 $\beta_1 = 116.57°$, $\beta_2 = 12.53°$, $\beta_3 = 90°$ 代入上式得

$$\theta_{P4} = -39.1°$$

根据根轨迹对称于实轴的性质或利用公式(7-23)可求得在开环极点 P_3 处的出射角为

$$\theta_{P3} = 39.1°$$

7. 根轨迹与虚轴的交点和对应的开环根增益:

因两条渐近线与虚轴相交,根轨迹又起始于复平面的左半平面,故根轨迹也一定与虚轴相交。根轨迹与虚轴的交点 ω 和与该交点对应的开环根增益 K_r 求得如下:

系统特征方程为

$$S(S + 20)(S^2 + 4S + 20) + K_r = 0$$

或

$$S^4 + 24S^3 + 100S^2 + 400S + K_r = 0$$

令 $S = j\omega$ 代入上式,并将它分解成实部方程和虚部方程得:

$$\omega^4 - 100\omega^2 + K_r = 0$$
$$-24\omega^3 + 400\omega = 0$$

解虚部方程得 $\omega_1 = 0$, $\omega_{2,3} = \pm 4.08$,即根轨迹与虚轴交点的坐标为

$$\omega = \pm 4.08$$

将 $\omega = 4.08$ 代入实部方程,求得与此交点对应的开环根增益为

$$K_r = 1389$$

而相应的开环增益为

$$K = 3.47$$

根据上述数据可粗略绘出本系统的根轨迹如图 7-8 所示(图中未标出开环根增益或开环增益)。

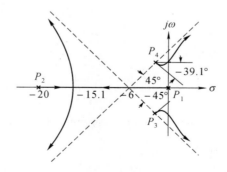

图 7-8 例 7-2 系统的根轨迹

【例7-3】 绘制开环传递函数为

$$G(S)H(S) = \frac{K_r}{S(S+4)(S^2+4S+20)}$$

的系统的根轨迹。

解:1.开环传递函数的零点、极点及它们在复平面上的位置;

$$G(S)H(S) = \frac{K_r}{S(S+4)(S^2+4S+20)}$$

$$= \frac{K_r}{S(S+4)(S+2+j4)(S+2-j4)}$$

故知系统有4个开环极点,它们是 $P_1 = 0, P_2 = -4, P_{3,4} = -2 \pm j4$。系统没

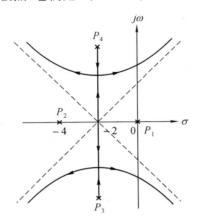

图7-9　例7-3系统的根轨迹

有开环零点。开环极点在复平面上的位置如图7-9所示。

2.根轨迹的条数、起始点和终止点:

有4条分别起始于上述开环极点和终止于无穷远处的根轨迹。

3.实轴上的根轨迹:

实轴上开环极点 P_1 和 P_2 之间一段是根轨迹。

4.根轨迹的渐近线:

根轨迹有4条渐近线,它们与实轴正方向的交角 θ 和与实轴交点的坐标 λ 为:

$$\theta = \frac{180°(2k+1)}{n-m} = \frac{180°(2k+1)}{4}$$

分别以 $k = 0,1,2$ 和3代入,求得

$$\theta_1 = 45°, \quad \theta_2 = 135°, \quad \theta_3 = 225°, \quad \theta_4 = 315°$$

$$\lambda = \frac{\sum_{i=1}^{n} P_i - \sum_{j=1}^{m} Z_j}{n - m}$$

$$= \frac{(0) + (-4) + (-2 + j4) + (-2 - j4)}{4} = -2$$

5. 分离点的坐标:

分离点的坐标可以利用方程(7-18)求取。对于本例,$B(S) = 1$, $A(S) = S(S + 4)(S^2 + 4S + 20)$。于是有

$$S^3 + 6S^2 + 18S + 20 = 0$$

或

$$(S + 2)(S^2 + 4S + 10) = 0$$

于是解得

$$S_1 = -2, \quad S_{2,3} = -2 \pm j2.45$$

即根轨迹有一个实数分离点和两个复数分离点。

6. 根轨迹的出射角:

因一对共轭复数开环极点位于两个实数极点连线的垂直平分线上,故知在极点 P_4 的出射角为 $\theta_{P4} = -90°$,而在极点 P_3 的出射角为 $\theta_{P3} = 90°$。

7. 根轨迹与虚轴的交点为 $\omega = \pm j\sqrt{10}$,对应的开环根增益为 $K_r = 3.25$。

根据上述数据绘得系统的根轨迹如图7-9所示。

第四节　　控制系统的根轨迹分析

控制系统的根轨迹分析是利用所绘制的系统的根轨迹,考察系统的零点、极点在复平面上的分布情况来分析系统的动态性能的。

利用根轨迹分析控制系统,一般按如下步骤进行:

1. 绘制根轨迹图;

2. 根据给定条件,确定有关闭环零点、极点的位置;

因为系统闭环极点的位置和开环根增益有关,所以根据给定条件求出根增益后,就可利用幅值方程和根轨迹的基本性质由根轨迹图确定闭环极点的位置。

3. 根据系统闭环零点、极点在复平面上的位置分析系统的性能。

在时间响应分析一章中,曾经讨论过系统闭环零点、极点的位置对系统阶跃响应的影响:

（1）当系统的全部闭环极点都处于复平面的左半边时，系统是稳定的；

（2）当系统的闭环极点离虚轴愈远、闭环极点之间的距离愈大、闭环零点愈接近闭环极点（特别是接近离虚轴近的极点）时，系统响应的快速性就愈好；

（3）当共轭复数极点处于复平面中与负实轴成 $\pm 45°$ 的直线附近时，系统响应比较平稳。

下面举例说明。

【例 7-4】 已知系统的开环传递函数为

$$G(S)H(S) = \frac{K}{S(S+1)(0.5S+1)}$$

试应用根轨迹法分析该系统在 $K = 0.25$ 时的阶跃响应特性。

解：

$$G(S)H(S) = \frac{2K}{S(S+1)(S+2)}$$
$$= \frac{K_r}{S(S+1)(S+2)}$$

式中，$K_r = 2K$，即开环根增益是开环增益的两倍。

利用根轨迹的基本性质，绘制系统的根轨迹如图 7-10 所示。

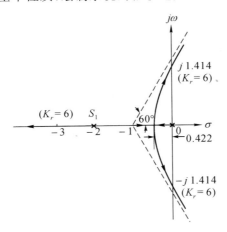

图 7-10 例 7-4 的根轨迹

求 $K_r = 0.5$ 时系统闭环极点的位置。

由幅值方程知根轨迹在实轴分离点处的增益为 0.38。故知当 $K_r = 0.5$ 时，系统有一对共轭复数极点和一个在 -2 到 -3 之间的实数极点。今用试探法根据幅值方程求出这一实数极点的具体位置。

取 $S_1 = -2.2$ 作为这一实数极点的试验点，则根据幅值方程知对应的根

增益为 $K_r = |S_1||S_1+1||S_1+2| = 0.528$，比要求的 K_r 值稍大。取 $S_1 = -2.19$ 重新试验，求得对应的开环根增益 $K_r = 0.495$。此值已足够精确。

设另两个闭环极点为 $S_2 = \sigma + j\omega$ 和 $S_3 = \sigma - j\omega$，则根据根轨迹的性质（方程(7-30)）有

$$-2.19 - \sigma - j\omega - \sigma + j\omega = -3$$

解得

$$\sigma = -0.405$$

又由根轨迹幅值方程或由根轨迹图求得

$$\omega = 0.626$$

于是求得 $K = 0.25$ 时的三个闭环极点是

$$P_1 = -2.19, P_2 = -0.405 + j0.626, 和 P_3 = -0.405 - j0.626$$

根据闭环极点在复平面上的位置，可知该系统在 $K = 0.25$ 时，其动态响应的特点是：

1. 系统是稳定的；

2. 因实数极点离虚轴的距离比复数极点离虚轴的距离大得多，故这对复数极点可认为是主导极点，系统响应近似二阶系统响应的形式；

3. 闭环主导极点的无阻尼自然频率 $\omega_n = 0.746$，阻尼比 $\zeta = 0.54$；

4. 在阶跃信号作用下的百分比超调为

$$P.O. = e^{-\frac{\zeta\pi}{\sqrt{1-\zeta^2}}} \times 100\%$$
$$= e^{-\frac{0.54\pi}{\sqrt{1-0.54^2}}} = 13.3\%$$

5. 调整时间（$\Delta = 2\%$）为

$$t_s = \frac{4}{\zeta\omega_n} = \frac{4}{0.405} = 9.88(S)$$

【例 7-5】 已知系统的开环传递函数为

$$G(S)H(S) = \frac{K(0.25S+1)}{S(0.5S+1)}$$

试利用根轨迹法分析该系统的动态特性。

解：

$$G(S)H(S) = \frac{0.5K(S+4)}{S(S+2)} = \frac{K_r(S+4)}{S(S+2)}$$

其中 $K_r = 0.5K$。利用根轨迹的基本性质，绘制出系统的根轨迹如图 7-11 所示。可以证明，该系统的复数根的轨迹是一个圆，圆心在开环零点处，半径为零点到分离点的距离。分离点为：

$$d_1 = -1.172, d_2 = -6.83$$

利用幅值方程求得在分离点 d_1 处的根增益为

$$K_r = \frac{|d_1||d_1+2|}{|d_1+4|}$$

$$= \frac{1.172 \times 0.828}{2.828} = 0.343$$

同样可求得在会合点 d_2 处的根增益为

$$K_r = 11.7$$

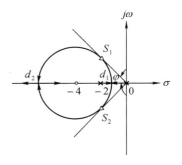

由图知,过原点与根轨迹圆相切的直线和负实轴的夹角为 $\varphi = 45°$,两个切点为 $S_{1,2} = -2 \pm j2$,利用幅值方程求得在这两个切点处的根增益 $K_r = 2$。

图 7-11　例 7-5 的根轨迹

于是由该系统的根轨迹,可以得到在不同的开环增益时,系统的动态特性如下:

1.在零和无穷大之间的任何 K 值,系统都是稳定的;

2.当 $0 < K < 0.686$ 时,系统的阶跃响应具有非周期性质;

3.当 $0.686 < K < 23.4$ 时,系统的阶跃响应表现为衰减振荡;

4.当 $23.4 < K < \infty$ 时,其阶跃响应又是非周期的;

5.当 $K = 4$ 时,系统具有最佳阻尼比,阶跃响应具有较快而又平稳的特性;

6.不论 K 的取值大小,其阶跃响应的百分比超调总小于 4.3%。

【例 7-6】　试用根轨迹法分析具有下列开环传递函数:

$$(1)G(S)H(S) = \frac{K}{S^2(S+a)}$$

$$(2)G(S)H(S) = \frac{K(S+b)}{S^2(S+a)} \qquad (b < a)$$

$$(3)G(S)H(S) = \frac{K(S+b)}{S^2(S+a)} \qquad (b > a)$$

的系统的稳定性。

解:系统(1)具有三个开环极点,即 $P_1 = 0, P_2 = 0, P_3 = -a$。系统没有开环零点。根据根轨迹的基本性质,可绘出其根轨迹如图 7-12 所示。由图可见,当 K 由零变到无穷大时,系统总有一对共轭复根位于复平面的右半边,故系统的开环增益无论取何值,均无法使该系统稳定。

系统(2)是在系统(1)中增加一个零点 $-b$ 而成的,并且 $b < a$。系统(2)的根轨迹如图 7-13 所示。可见不论开环增益 K 在零到无穷大之间取何值,系统都是稳定的,其阶跃响应表现为衰减振荡。即增加了系统的阻尼。

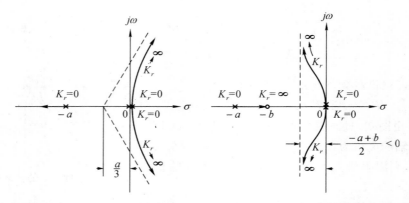

图 7-12 例 7-6 中系统(1)的根轨迹　图 7-13 例 7-6 中系统(2)的根轨迹

系统(3)与系统(2)不同的是,所增加的零点位置不同。因增加的零点使根轨迹渐近线与实轴交点的横坐标值为正,故其根轨迹有两条始终在复平面的右半边,如图 7-14 所示。因此无法使系统稳定。

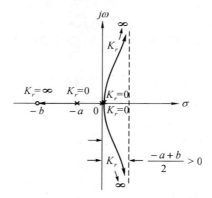

图 7-14 例 7-6 中系统(3)的根轨迹

习　　题

7-1　已知系统的开环零点、极点分布如图 P7-1 所示,试画出其根轨迹。

7-2　设系统的开环传递函数为

$$G(S)H(S) = \frac{K}{(S^2 + 2S + 2)(S^2 + 2S + 5)}$$

试画出其根轨迹,并确定根轨迹与 $j\omega$ 轴交点的坐标。

7-3　设系统的开环传递函数为

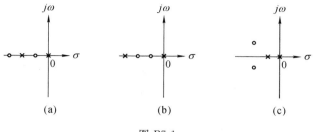

(a)　　　　　　　(b)　　　　　　　(c)

图 P7-1

$$G(S)H(S) = \frac{K(S+a)}{S(S+b)} \qquad (a > b)$$

试证明该系统复数根的轨迹是一个圆。并且其圆心为 $(-a, j0)$，半径为 $\sqrt{a(a-b)}$。

7-4　试用根轨迹法分析开环传递函数为

$$G(S)H(S) = \frac{K}{S(S+1)(0.5S+1)}$$

的系统的稳定性。并计算闭环主导极点具有阻尼比 $\zeta = 0.5$ 时的阶跃响应性能指标。

7-5　设控制系统的开环传递函数为

$$G(S)H(S) = \frac{K(S^2 - 2S + 5)}{(S+2)(S-0.5)}$$

试用根轨迹法确定：1. 使系统稳定的 K 的取值范围；2. 使系统具有阻尼比 $\zeta = 0.5$ 的复数极点的 K 值。

第八章　频率响应分析

利用解微分方程来求系统响应的时间响应分析法比较直观,但对于三阶以上的高阶系统就比较麻烦。这一方面是因为高阶微分方程求解的工作量大,另外,也很难求得高阶系统结构、参数和响应性能之间的明确关系。因此当系统响应不满足技术要求时,就很难确定应当如何调整系统。特别当环节或系统的微分方程难以列写时也无法应用时间响应分析法对系统进行分析研究。

利用动态特性的计算机仿真对系统进行时域分析,很大程度上克服了时间响应分析法的一些缺点。然而,频率响应分析法却是进行系统稳定性研究,品质分析和系统设计的一种很有效的方法。应用频率响应分析法可根据开环频率响应特性来研究闭环系统的稳定性,而不用解出特征根。另外,频域性能指标与时域性能指标之间有着对应的关系,频率响应特性又能反映出系统的结构和参数,因此,利用频率响应分析可以方便地选择系统的结构和参数,以满足所要求的性能指标。当采用正弦信号发生器和精密测量装置时,可通过试验,简便而精确地求得环节或系统的传递函数,而避开数学推导的困难。

本章主要介绍频率响应的基本概念、频率响应特性的图形表示以及系统的频率响应分析等。

第一节　频率响应的基本概念

系统对正弦函数输入的稳态响应称为频率响应。可以证明,当线性系统的输入信号为正弦函数时,系统的输出在瞬态过程结束后,也是一个与输入同频率的正弦函数。但其幅值和相位与输入正弦函数的幅值和相位不同。改变输入正弦函数的频率,就可以得到输出、输入幅值比与频率的关系以及输出、输入相位差与频率的关系。这两种关系称为频率响应特性或频率特性。图 8-1 表示了系统的频率响应。

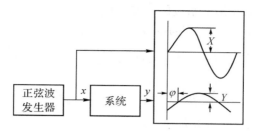

图 8-1　系统的频率响应

设系统或环节的传递函数为

$$\frac{Y(S)}{X(S)} = G(S) = \frac{M(S)}{N(S)}$$

$$= \frac{M(S)}{(S-P_1)(S-P_2)(S-P_3)\cdots(S-P_n)}$$

式中 $M(S)$ 和 $N(S)$ 分别为 m 次和 n 次的多项式，且 $n \geqslant m$。当系统的输入为一幅值为 X、初相位为零、频率为 ω 的正弦函数，即

$$x(t) = X\sin\omega t$$

时，则系统输出的拉氏变换为

$$Y(S) = G(S)X(S) = G(S)\frac{X\omega}{S^2 + \omega^2}$$

$$= \frac{M(S)}{(S-P_1)(S-P_2)(S-P_3)\cdots(S-P_n)}\frac{X\omega}{S^2 + \omega^2}$$

若传递函数的所有极点 $P_1, P_2, \cdots P_n$ 各不相同，则有

$$Y(S) = \frac{a_1}{S-P_1} + \frac{a_2}{S-P_2} + \cdots + \frac{a_n}{S-P_n} + \frac{b}{S+j\omega} + \frac{c}{S-j\omega}$$

式中，$a_1, a_2, \cdots, a_n, b, c$ 为 $Y(S)$ 在相应极点处的留数。于是系统的时间响应为

$$y(t) = \sum_{i=1}^{n} a_i e^{P_i t} + be^{-j\omega t} + ce^{j\omega t} \tag{8-1}$$

若传递函数具有 l 个重极点 P，则系统的时间响应可写成：

$$y(t) = \sum_{i=1}^{n-l} a_i e^{P_i t} + \sum_{k=0}^{l-1} c_k t^k e^{pt} + be^{-j\omega t} + ce^{j\omega t} \tag{8-2}$$

对于稳定的系统，所有的极点都具有负实部。因此当 $t \to \infty$ 时，代表瞬态响应的式(8-1)中的右边第一项将衰减为零。又当 $t \to \infty$ 时，e^{pt} 的衰减速度要比 t^k 的增长速度快。因此代表瞬态响应的式(8-2)中的右边第一、二项也将衰减为零。故当 $t \to \infty$ 时，方程(8-1)，(8-2)成为

$$y_{ss}(t) = be^{-j\omega t} + ce^{j\omega t} \tag{8-3}$$

这就是在正弦函数作用下系统的稳态响应。当系统具有共轭复数极点时,也可求得同样的结果。式(8-3)的系数 b,c 可求得如下:

$$b = G(S) \frac{X\omega}{S^2 + \omega^2}(S + j\omega)\mid_{S=-j\omega} = -G(-j\omega)\frac{X}{2j} \tag{8-4}$$

$$c = G(S) \frac{X\omega}{S^2 + \omega^2}(S - j\omega)\mid_{S=j\omega} = G(j\omega)\frac{X}{2j} \tag{8-5}$$

因为 $G(j\omega)$ 是复数,故可表示成

$$G(j\omega) = \mid G(j\omega)\mid e^{j\varphi} \tag{8-6}$$

$$G(-j\omega) = \mid G(-j\omega)\mid e^{-j\varphi} = \mid G(j\omega)\mid e^{-j\varphi} \tag{8-7}$$

式中

$$\varphi = \angle G(j\omega) = \arctan \frac{\mathrm{Im}G(j\omega)}{\mathrm{Re}G(j\omega)} \tag{8-8}$$

上述各式中 $\mid G(j\omega)\mid$ 为 $G(j\omega)$ 的幅值, $\angle G(j\omega)$ 为 $G(j\omega)$ 的相位,$\mathrm{Im}\ G(j\omega)$ 和 $\mathrm{Re}\ G(j\omega)$ 则分别为 $G(j\omega)$ 的虚部和实部。将式(8-6)和(8-7)分别代入式(8-4)和(8-5)得

$$b = -\frac{X}{2j}\mid G(j\omega)\mid e^{-j\varphi} \tag{8-9}$$

$$c = \frac{X}{2j}\mid G(j\omega)\mid e^{j\varphi} \tag{8-10}$$

将式(8-9),(8-10)代入式(8-3)得

$$y_{\mathrm{SS}}(t) = X\mid G(j\omega)\mid \frac{e^{j(\omega t+\varphi)} - e^{-j(\omega t+\varphi)}}{2j}$$

即

$$y_{\mathrm{SS}}(t) = X\mid G(j\omega)\mid \sin(\omega t + \varphi) \tag{8-11}$$

或

$$y_{\mathrm{SS}}(t) = Y\sin\theta \tag{8-12}$$

式中,Y 为输出正弦函数的幅值,而

$$Y = X\mid G(j\omega)\mid \tag{8-13}$$

或

$$\frac{Y}{X} = \mid G(j\omega)\mid \tag{8-14}$$

θ 为输出正弦函数的相位,而

$$\theta = \omega t + \angle G(j\omega) \tag{8-15}$$

或

$$\theta - \omega t = \angle G(j\omega) \tag{8-16}$$

方程(8-11)或(8-12)就是线性系统在正弦函数作用下的稳态输出,即

频率响应。可见系统在正弦函数作用下,其稳态输出仍为正弦函数。输出正弦函数的频率与输入正弦函数的频率相同,但幅值、相位都不一样,并且都是频率的函数。

方程(8-14)表明,以 $j\omega$ 为变量的复变函数 $G(j\omega)$ 在频率 ω 时的幅值 $|G(j\omega)|$ 就是传递函数为 $G(S)$ 的系统,在频率为 ω 的正弦函数作用下,稳态输出正弦函数幅值与输入正弦函数幅值之比,$|G(j\omega)|$ 与频率 ω 之间的函数关系称为幅频特性。

相似地,方程(8-16)表明,以 $j\omega$ 为变量的复变函数 $G(j\omega)$ 在频率 ω 时的相位 $\angle G(j\omega)$,就是传递函数为 $G(S)$ 的系统,在频率为 ω 的正弦函数作用下,稳态输出正弦函数相位与输入正弦函数相位之差。$\angle G(j\omega)$ 与 ω 之间的函数关系称为相频特性。

函数 $G(j\omega)$ 称为正弦传递函数,通过函数 $G(j\omega)$ 可以很方便地求得系统的频率响应特性,故函数 $G(j\omega)$ 也称为频率特性函数。

从以上频率响应的推导过程中知道,频率特性函数 $G(j\omega)$ 是在系统的传递函数 $G(S)$ 中,用 $j\omega$ 代替 S 而得到的。所以只要知道系统的传递函数,就可以很方便地求得它的频率特性函数。

$j\omega$ 是实部为零的复数,所以正弦传递函数是传递函数的一种特殊情况。和传递函数一样,正弦传递函数也只取决于系统本身的结构和参数,而与输入的形式和大小无关。它表征着系统的固有特性,正弦传递函数是系统在频域里的数学模型。

正弦传递函数,即频率特性函数 $G(j\omega)$ 是复数,它可以用实部和虚部或幅值和相位来表示,即

$$G(j\omega) = R(\omega) + jI(\omega) \tag{8-17}$$

或

$$G(j\omega) = A(\omega)e^{j\varphi(\omega)} \tag{8-18}$$

式(8-17)和(8-18)中

$$R(\omega) = \mathrm{Re}G(j\omega)$$

$$I(\omega) = \mathrm{Im}G(j\omega)$$

$$A(\omega) = |G(j\omega)| = \sqrt{R^2(\omega) + I^2(\omega)} \tag{8-19}$$

$$\varphi(\omega) = \angle G(j\omega) = \arctan\frac{I(\omega)}{R(\omega)} \tag{8-20}$$

$R(\omega)$ 是复数 $G(j\omega)$ 的实部,它是频率 ω 的函数,$R(\omega)$ 随 ω 而变化的特性称为实频特性。$I(\omega)$ 是复数 $G(j\omega)$ 的虚部,它是频率 ω 的函数,$I(\omega)$ 随 ω 而变化的特性称为虚频特性。$A(\omega)$ 是 $G(j\omega)$ 的幅值,$\varphi(\omega)$ 是 $G(j\omega)$ 的相位,它们都是频率 ω 的函数。$A(\omega)$ 随 ω 而变化的特性称为幅频特性,$\varphi(\omega)$ 随 ω 而变

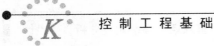
化的特性称为相频特性。

【例 8-1】 已知系统的微分方程为

$$2\frac{d^2y}{dt^2} + 5\frac{dy}{dt} + 4y = 4x$$

求在正弦函数 $5\sin\omega t$ 作用下,系统的频率响应特性。

解:系统的传递函数为

$$G(S) = \frac{Y(S)}{X(S)} = \frac{4}{2S^2 + 5S + 4}$$

用 $j\omega$ 代替 S,则可求得系统的频率特性函数为

$$G(j\omega) = \frac{4}{2(j\omega)^2 + 5(j\omega) + 4} = \frac{4}{(4 - 2\omega^2) + j5\omega}$$

于是可求得系统的实频特性为

$$R(\omega) = \frac{4(4 - 2\omega^2)}{(4 - 2\omega^2)^2 + (5\omega)^2}$$

虚频特性为

$$I(\omega) = \frac{-20\omega}{(4 - 2\omega^2)^2 + (5\omega)^2}$$

幅频特性为

$$A(\omega) = \sqrt{R^2(\omega) + I^2(\omega)}$$
$$= \frac{4}{\sqrt{(4 - 2\omega^2)^2 + (5\omega)^2}}$$

相频特性为

$$\varphi(\omega) = \operatorname{arctg}\frac{I(\omega)}{R(\omega)} = -\operatorname{arctg}\frac{5\omega}{4 - 2\omega^2}$$

频率响应为

$$y_{SS}(t) = \frac{20}{\sqrt{(4 - 2\omega^2)^2 + (5\omega)^2}}\sin\left(\omega t - \operatorname{arctg}\frac{5\omega}{4 - 2\omega^2}\right)$$

第二节　　幅相频率特性图(奈魁斯特图)

　　幅相频率特性图是绘制在极坐上的 $G(j\omega)$ 的幅值、相位与频率之间的关系曲线。复数 $G(j\omega)$ 可以用矢量表示,所以,幅相频率特性图实际上就是当频率 ω 从零逐渐增高到无穷大时,矢量 $G(j\omega)$ 在复平面上的矢端轨迹。幅相频率特性图又称频率特性的极坐标图或奈魁斯特图。

　　绘制奈魁斯特图,首先要计算不同频率下的 $|G(j\omega)|$ 和 $\angle G(j\omega)$,或

$\mathrm{Re}G(j\omega)$ 和 $\mathrm{Im}G(j\omega)$,以便在极坐标上或复平面上确定该频率下矢量 $G(j\omega)$ 的端点位置。然后将各矢端连接起来,就得到奈奎斯特图。

绘制奈奎斯特图时,如果先确定一些特殊频率时的矢端位置,这对了解矢端轨迹的走向是大有帮助的。下面介绍典型环节的奈奎斯特图和系统开环奈奎斯特图的绘制。

一、典型环节的奈奎斯特图

1. 放大环节

因放大环节的频率特性函数为

$$G(j\omega) = K$$

故

$$A(\omega) = K, \quad \varphi(\omega) = 0$$

所以放大环节的幅频特性和相频特性与频率无关。其奈奎斯特图是复平面实轴上距原点距离为 K 的一个点,如图 8-2 所示。

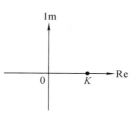

图 8-2　放大环节的奈奎斯特图

2. 惯性环节

惯性环节的频率特性函数为

$$G(j\omega) = \frac{1}{jT\omega + 1} = \frac{1}{T^2\omega^2 + 1} - j\frac{T\omega}{T^2\omega^2 + 1}$$

故

$$A(\omega) = \sqrt{\frac{1 + T^2\omega^2}{(1 + T^2\omega^2)^2}} = \frac{1}{\sqrt{1 + T^2\omega^2}}$$

$$\varphi(\omega) = \mathrm{arctg}(-T\omega) = -\mathrm{arctg}(T\omega)$$

可知,当 $\omega = 0$ 时,$A(\omega) = 1$, $\quad \varphi(\omega) = 0°$

$\omega = \dfrac{1}{T}$ 时,$A(\omega) = \dfrac{1}{\sqrt{2}}$, $\quad \varphi(\omega) = -45°$

$\omega \to \infty$ 时,$A(\omega) \to 0$, $\quad \varphi(\omega) \to -90°$

可见当 ω 由零趋于无穷大时,惯性环节的幅相频率特性曲线均处于复平面的第四象限内。可以证明,这一特性曲线是一段半圆。

因为惯性环节的实频特性和虚频特性为:

$$R(\omega) = \frac{1}{T^2\omega^2 + 1}$$

$$I(\omega) = -\frac{T\omega}{T^2\omega^2 + 1}$$

而 $G(j\omega)$ 的矢端轨迹就是点 (R, I) 在复平面上的轨迹。将 $\dfrac{I}{R} = -T\omega$ 代入实频特性的表达式中，则有

$$R = \frac{1}{(\frac{1}{R})^2 + 1}$$

上式经化简和配方后便得

$$(R - \frac{1}{2})^2 + I^2 = (\frac{1}{2})^2 \tag{8-21}$$

方程(8-21)表明，点 (R, I) 的轨迹是以点 $(\frac{1}{2}, 0)$ 为圆心，半径为 $\frac{1}{2}$ 的圆。惯性环节的幅相频率特性如图 8-3 所示。

3. 积分环节

积分环节的频率特性函数为

$$G(j\omega) = \frac{1}{j\omega} = -j\frac{1}{\omega}$$

于是

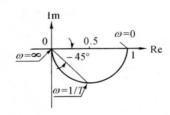

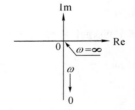

图 8-3　惯性环节的奈魁斯特图　　　图 8-4　积分环节的奈魁斯特图

$$A(\omega) = \frac{1}{\omega}$$

$$\varphi(\omega) = \text{arctg}\,\frac{-\frac{1}{\omega}}{0} = -90°$$

因为 $\varphi(\omega)$ 是与频率无关的常数，且为 $-90°$，而当频率由零趋于无穷大时，$A(\omega)$ 则由无穷大趋于零。故积分环节的幅相频率特性是图 8-4 所示的与负虚轴相重的一根直线。

4. 微分环节

微分环节的频率特性函数为

$$G(j\omega) = j\omega$$

故

$$A(\omega) = \omega$$

$$\varphi(\omega) = \text{arctg} \frac{\omega}{0} = 90°$$

可见微分环节的幅相频率特性是图8-5所示的与正虚轴相重的一根直线。

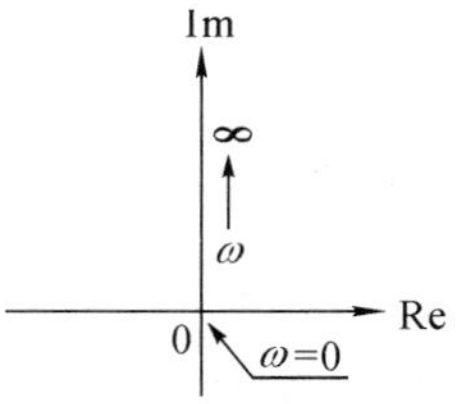

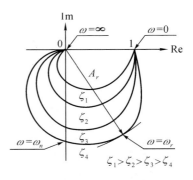

图 8-5 微分环节的
奈魁斯特图

5.振荡环节

振荡环节的频率特性函数为

$$G(j\omega) = \frac{1}{T^2(j\omega)^2 + 2\zeta T(j\omega) + 1}$$

$$= \frac{1}{(1 - T^2\omega^2) + j2\zeta T\omega}$$

$$= \frac{1 - T^2\omega^2}{(1 - T^2\omega^2)^2 + (2\zeta T\omega)^2} - j\frac{2\zeta T\omega}{(1 - T^2\omega^2)^2 + (2\zeta T\omega)^2}$$

故

$$A(\omega) = \frac{1}{\sqrt{(1 - T^2\omega^2)^2 + (2\zeta T\omega)^2}}$$

$$\varphi(\omega) = \text{arctg} \frac{-2\zeta T\omega}{1 - T^2\omega^2} = -\text{arctg} \frac{2\zeta T\omega}{1 - T^2\omega^2}$$

可知,当 $\omega = 0$ 时, $A(\omega) = 1$, $\varphi(\omega) = 0°$

$\omega = \frac{1}{T}$ 时, $A(\omega) = \frac{1}{2\zeta}$, $\varphi(\omega) = -90°$

$\omega \to \infty$ 时, $A(\omega) \to 0$, $\varphi(\omega) \to -180°$

即当 ω 由零趋于无穷大时,振荡环节的幅相频率特性曲线是处于复平面的下半平面上。同时,幅相频率特性与阻尼比 ζ 有关。特性曲线与虚轴交点处的频率,等于系统的无阻尼自然频率。

图 8-6 表示了不同阻尼比时振荡环节的幅相频率特性。从该图可以看出,当阻尼比小到一定大小时,$A(\omega)$ 将会出现峰值。此峰值称为谐振峰值,用 A_r 表示。出现谐振峰值时的频率称为谐振频率,用 ω_r 表示。

因当 $\omega = \omega_r$ 时,$A(\omega) = A_r$,故有

$$\frac{dA(\omega)}{d\omega}\bigg|_{\omega = \omega_r} = 0$$

于是有

图 8-6 振荡环节的奈魁斯特图

$$\frac{-4\omega_r T^2 + 4\omega_r^3 T^4 + 8\zeta^2 \omega_r T^2}{2\sqrt{(1 - T^2 \omega_r^2)^2 + (2\zeta T \omega_r)^2}} = 0$$

故求得谐振频率为

$$\omega_r = \frac{1}{T}\sqrt{1 - 2\zeta^2} = \omega_n \sqrt{1 - 2\zeta^2} \tag{8-22}$$

故谐振峰值为

$$A_r = A(\omega) \big|_{\omega=\omega_r} = \frac{1}{\sqrt{(1 - T^2\omega^2)^2 + (2\zeta T\omega)^2}} \bigg|_{\omega=\omega_r}$$

即

$$A_r = \frac{1}{2\zeta\sqrt{1 - \zeta^2}} \tag{8-23}$$

方程(8-22)表明,只有当 $1 - 2\zeta^2 > 0$ 即 $\zeta < 0.707$ 时,$A(\omega)$ 才会出现谐振峰值。另外,从方程(8-22)还看到,对于实际系统,谐振频率 ω_r 不等于它的无阻尼自频率 ω_n,而是比 ω_n 小。方程(8-23)表明,谐振峰值 A_r 随阻尼比 ζ 的减小而增大。当 ζ 值趋于零时,A_r 值便趋于无穷大。此时 $\omega_r = \omega_n$。也就是说,在这种情况下,当输入正弦函数的频率等于无阻尼自然频率时,环节将引起共振。

6. 一阶微分环节

一阶微分环节的频率特性函数为

$$G(j\omega) = 1 + j\tau\omega$$

故

$$A(\omega) = \sqrt{1 + \tau^2\omega^2}$$

$$\varphi(\omega) = \text{arctg}(\tau\omega)$$

可知,当 $\omega = 0$ 时,$A(\omega) = 1$,$\varphi(\omega) = 0°$

$\omega = \dfrac{1}{\tau}$ 时,$A(\omega) = \sqrt{2}$,$\varphi(\omega) = 45°$

$\omega \to \infty$ 时,$A(\omega) \to \infty$,$\varphi(\omega) \to 90°$

即当 ω 由零趋于无穷大时,一阶微分环节的幅相频率特性曲线处于复平面的第一象限内。又因它的实频特性为 $R(\omega) = 1$,故它的幅相频率特性曲线是一条距虚轴距离为1、且平行于虚轴的直线,如图8-7所示。

7. 二阶微分环节

二阶微分环节的频率特性函数为

$$G(j\omega) = \tau^2(j\omega)^2 + 2\zeta\tau(j\omega) + 1 = (1 - \tau^2\omega^2) + j2\zeta\tau\omega$$

故

$$A(\omega) = \sqrt{(1 - \tau^2\omega^2)^2 + (2\zeta\tau\omega)^2}$$

$$\varphi(\omega) = \operatorname{arctg} \frac{2\zeta\tau\omega}{1 - \tau^2\omega^2}$$

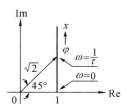

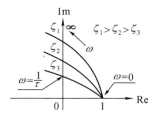

图 8-7　一阶微分环节的奈魁斯特图　　图 8-8　二阶微分环节的奈魁斯特图

可知,当 $\omega = 0$ 时,　$A(\omega) = 1$,　$\varphi(\omega) = 0°$

$\omega = \frac{1}{\tau}$ 时,　$A(\omega) = 2\zeta$,　$\varphi(\omega) = 90°$

$\omega \to \infty$ 时,　$A(\omega) \to \infty$,　$\varphi(\omega) \to 180°$

即在 ω 由零趋于无穷大的整个频域内,二阶微分环节的幅相频率特性曲线是处于复平面的上半平面的。同时,幅相频率特性与阻尼比 ζ 有关。特性曲线与虚轴交点处的频率等于环节的无阻尼自然频率。图 8-8 表示了在不同的 ζ 时二阶微分环节的幅相频率特性。

8. 滞后环节

滞后环节的频率特性函数为

$$G(j\omega) = e^{-j\omega\tau}$$

或

$$G(j\omega) = \cos\omega\tau - j\sin\omega\tau$$

故

$$A(\omega) = 1$$

$$\varphi(\omega) = \operatorname{arctg}\left(\frac{-\sin\omega\tau}{\cos\omega\tau}\right) = -\omega\tau$$

因 $A(\omega)$ 与频率 ω 无关且总等于1,而相位随 ω 而变化,故滞后环节的幅相频率特性是以坐标原点为圆心、半径为 1 的圆,如图 8-9(a) 所示。可见当正弦函数作用于滞后环节时,其稳态输出的正弦函数以相同的幅值复现着输入,但相位滞后了 $\omega\tau$,如图 8-9(b) 所示。

二、系统的开环奈魁斯特图

1. 系统开环频率特性的幅值和相位

若系统的开环传递函数为

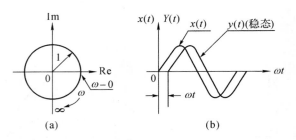

图 8-9　滞后环节的频率响应特性

$$G(S)H(S) = G_1(S)G_2(S)\cdots G_n(S)$$

则其频率特性为

$$G(j\omega)H(j\omega)$$

$$= |G_1(j\omega)| e^{j\angle G_1(j\omega)} |G_2(j\omega)| e^{j\angle G_2(j\omega)} \cdots |G_n(j\omega)| e^{j\angle G_n(j\omega)}$$

于是有

$$|G(j\omega)H(j\omega)| = |G_1(j\omega)| \cdot |G_2(j\omega)| \cdots |G_n(j\omega)| \qquad (8\text{-}24)$$

$$\angle G(j\omega)H(j\omega) = \angle G_1(j\omega) + \angle G_2(j\omega) + \cdots + \angle G_n(j\omega) \quad (8\text{-}25)$$

方程(8-24)、(8-25)说明,系统开环频率特性的幅值等于各个被串联环节频率特性幅值之积;相位等于各个被串联环节频率特性相位的代数和。

2. 系统开环奈魁斯特图的一般形状

系统开环传递函数可写成带时间常数的形式,即

$$G(S)H(S) = \frac{K(\tau_1 S + 1)\cdots(\tau_j^2 S^2 + 2\zeta'\tau_j S + 1)\cdots}{S^\nu(T_1 S + 1)\cdots(T_i^2 S^2 + 2\zeta T_i S + 1)\cdots} \qquad (8\text{-}26)$$

式中,K 为开环增益,ν 为积分环节数目,分母的次数为 n,分子的次数为 m,且 $n \geqslant m$。

下面讨论,ν 和 $(n-m)$ 值与开环奈魁斯特图形状的关系。由式(8-26)可求得系统的开环频率特性函数为

$$G(j\omega)H(j\omega) = \frac{K(\tau_1 j\omega + 1)\cdots[\tau_j^2(j\omega)^2 + 2\zeta'\tau_j(j\omega) + 1]\cdots}{(j\omega)^\nu[T_1(j\omega) + 1]\cdots[T_i^2(j\omega)^2 + 2\zeta T_i(j\omega) + 1]\cdots}$$

$$(8\text{-}27)$$

利用式(8-27)可求得在 $\omega = 0$ 时各型系统的开环幅相频率特性的幅值和相位如下:

对于 0 型系统

$$\lim_{\omega \to 0} |G(j\omega)H(j\omega)| = K$$

$$\lim_{\omega \to 0} \angle G(j\omega)H(j\omega) = 0$$

对于 I 型系统

$$\lim_{\omega \to 0} |G(j\omega)H(j\omega)| = \infty$$

$$\lim_{\omega \to 0} \angle G(j\omega)H(j\omega) = -90°$$

对于 Ⅱ 型系统

$$\lim_{\omega \to 0} |G(j\omega)H(j\omega)| = \infty$$

$$\lim_{\omega \to 0} \angle G(j\omega)H(j\omega) = -180°$$

当 $\omega \to \infty$ 时,对于 0 型、Ⅰ 型和 Ⅱ 型等系统,都有

$$\lim_{\omega \to \infty} |G(j\omega)H(j\omega)| = 0$$

$$\lim_{\omega \to \infty} \angle G(j\omega)H(j\omega) = (m-n) \times 90°$$

由上述分析可知系统开环奈奎斯特曲线的一般形状如下:

1. 当 $\omega = 0$ 时,0 型系统的奈奎斯特曲线始于离原点距离为 K 的正实轴上,Ⅰ 型系统渐近于平行负虚轴的直线,Ⅱ 型系统渐近于平行负实轴的直线。

2. 当 ω 趋于无穷大时,0 型、Ⅰ 型、Ⅱ 型等系统的奈奎斯特曲线都终止于原点。相位都是 $(m-n) \times 90°$。

3. 当 ω 从零趋于无穷大时,矢量 $G(j\omega)H(j\omega)$ 顺时针方向转过的角度是 $(n-m-\nu) \times 90°$。

4. 如果传递函数中包含有导前环节,幅相频率特性曲线将出现波浪形。

图 8-10 表示 0 型、Ⅰ 型和 Ⅱ 型系统开环奈奎斯特曲线在 $\omega = 0$ 和 ω 趋于无穷大时的一般形状。

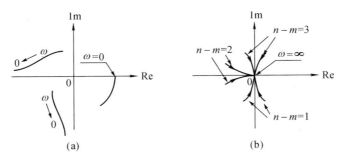

图 8-10 开环奈奎斯图的起始段和终止段

【例 8-2】 系统的开环传递函数为

$$G(S)H(S) = \frac{K}{S(TS+1)}$$

试画出其幅相频率特性曲线。

解:系统的开环频率特性函数为

$$G(j\omega)H(j\omega) = \frac{K}{j\omega(jT\omega + 1)}$$

故

$$|G(j\omega)H(j\omega)| = \frac{K}{\omega\sqrt{1 + T^2\omega^2}}$$

$$\angle G(j\omega)H(j\omega) = -90° - \mathrm{arctg}(T\omega)$$

$$\mathrm{Re}G(j\omega)H(j\omega) = \frac{-KT\omega^2}{T^2\omega^4 + \omega^2}$$

$$\mathrm{Im}G(j\omega)H(j\omega) = \frac{-K\omega^2}{T^2\omega^4 + \omega^2}$$

$$\lim_{\omega \to 0}|G(j\omega)H(j\omega)| = \infty$$

$$\lim_{\omega \to 0}\angle G(j\omega)H(j\omega)| = -90°$$

$$\lim_{\omega \to 0}\mathrm{Re}G(j\omega)H(j\omega) = -KT$$

$$\lim_{\omega \to 0}\mathrm{Im}G(j\omega)H(j\omega) = -\infty$$

$$\lim_{\omega \to \infty}|G(j\omega)H(j\omega)| = 0$$

$$\lim_{\omega \to \infty}\angle G(j\omega)H(j\omega) = -180°$$

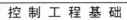

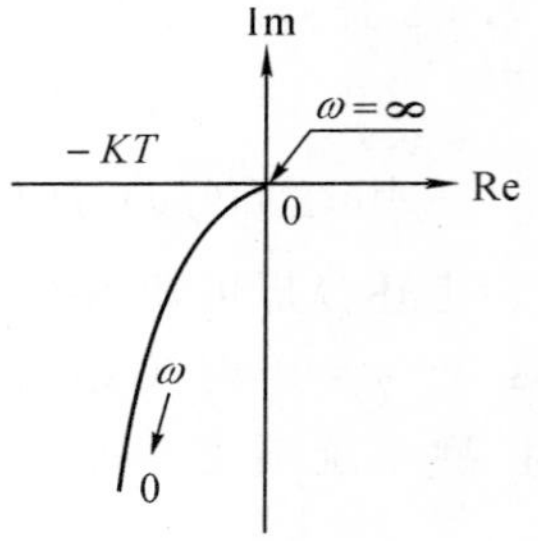

图 8-11 例 8-2 的幅相频率
特性图（波德图）

故其开环幅相频率特性曲线在第三象限内,低频时渐近一条过$(-KT, j0)$点且平行于虚轴的直线,高频时终止于原点,见图 8-11 所示。

第三节　对数频率特性图（波德图）

上一节介绍的幅相频率特性图,在一张图上描绘了整个频域的频率响应特性,同时给出了幅频、相频、实频和虚频特性等信息,并且从图上可以知道系统的型别。但是它没有表明系统的组成环节以及各个环节对系统动态性能的影响。同时,在绘制幅相频率特性图时,要进行各个频率下的幅值相乘和相位相加的运算,所以比较麻烦。

对数频率特性图又称波德图。它是由对数幅频特性图和对数相频特性图构成的。波德图的绘制比较简单。从波德图可以知道系统的组成环节以及各个环节对系统动态性能的影响。

本节先介绍绘制波德图时涉及的有关问题,然后讨论典型环节波德图和系统开环波德图的绘制。

一、对数幅频特性和对数相频特性

设 $A(\omega)$ 为频率特性函数 $G(j\omega)$ 的幅值,则

$$L(\omega) = 20\lg A(\omega) \tag{8-28}$$

称为 $G(j\omega)$ 的对数幅值。它的单位为分贝(decibel),常简写成"dB"。$L(\omega)$ 随 ω 变化的关系称为对数幅频特性。

绘制对数幅频特性图时,要涉及下列一些问题:

1. 坐标轴分度

波德图纵坐标轴按 $L(\omega)$ 的分贝数线性分度,而横坐标轴按频率 ω 的对数,即 $\lg\omega$ 分度,但仍标注 ω 的自然数。波德图的这种分度方式(如图 8-12 所示)可使对数幅频特性图的绘制工作大为简化,而且图形也紧凑。

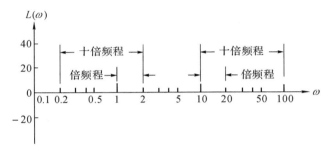

图 8-12　对数幅频特性图的坐标轴分度

2. 渐近线的斜率

绘制对数幅频特性图时,一般常只画出它的渐近线。当要求精确时,再加以修正。所以在画渐近线之前,先要确定渐近线的斜率。

渐近线的斜率是用频率增高到一倍或十倍时,$L(\omega)$ 变化的分贝数来表示的。在对数坐标图上,若 $\omega_2 = 2\omega_1$。则 ω_1 和 ω_2 两点间的距离就称为"倍频程"(octave),或简写成 oct。若 $\omega_2 = 10\omega_1$,则 ω_1 和 ω_2 两点间的距离就称为"十倍频程"(decade)或简写成 dec。倍频程和十倍频程的含义也可从图 8-12 看出。

若频率增高到一倍,$L(\omega)$ 衰减 6 分贝,则称斜率为"每倍频程负 6 分贝",记为"-6dB/oct"。相似地,若频率增高到十倍,$L(\omega)$ 衰减 20 分贝,则称斜率为"每十倍频程负 20 分贝",记为"-20dB/dec"。

设某环节的对数幅频特性为

$$L(\omega) = -20\lg\omega$$

则频率 $\omega = \omega_1$、$2\omega_1$ 和 $10\omega_1$ 时的对数幅值为:

$$L(\omega) = L(\omega_1) = -20\lg\omega_1$$

$$L(\omega) = L(2\omega_1) = -20\lg\omega_1 - 20\lg2 = -20\lg\omega_1 - 6$$

$$L(\omega) = L(10\omega_1) = -20\lg\omega_1 - 20\lg10 = -20\lg\omega_1 - 20$$

即该对数幅频特性渐近线的斜率为 -6dB/oct 或 -20dB/dec。

3. 对数幅频特性曲线的渐近线

这里以实例说明渐近线的求法。设某环节的幅频特性为

$$A(\omega) = \frac{5}{\sqrt{1 + T^2\omega^2}}$$

这一环节的对数幅频特性曲线

$$L(\omega) = 20[\lg5 - \lg\sqrt{1 + T^2\omega^2}] \tag{8-29}$$

的渐近线可求得如下：

当 $\omega \ll \dfrac{1}{T}$ 时，$T^2\omega^2$ 与 1 相比可以略去不计，故在这一频段的对数幅频特性，可近似地取为

$$L(\omega) = 20\lg5 = 14 \tag{8-30}$$

这是一条距横坐标轴距离为 14 分贝，斜率为 0dB/dec 的直线。

当 $\omega \gg \dfrac{1}{T}$ 时，1 与 $T^2\omega^2$ 相比可以忽略，故在这一频段的对数幅频特性，可近似地取为

$$L(\omega) = 20\lg5 - 20\lg(T\omega)$$

即

$$L(\omega) = 20\lg\left(\frac{5}{T}\right) - 20\lg\omega \tag{8-31}$$

显然，这是一条斜率为 -20dB/dec 的直线。并且当 $\omega = 1$ 时，其对数幅值为 $20\lg\left(\dfrac{5}{T}\right)$。

因此，式(8-29)所示的对数幅频特性，可用式(8-30)和式(8-31)所示的两条直线近似。这两条直线就是所求的渐近线。

4. 转角频率

两条渐近线相交处的频率称为转角频率 ω_c。因两条渐近线在转角频率处的对数幅值相等，故转角频率可通过联解两条渐近线方程而求得。如式(8-29)所示的对数幅频特性曲线的转角频率，可联解式(8-30)和式(8-31)，即

$$\begin{cases} L(\omega) = 20\lg5 \\ L(\omega) = 20\lg5 - 20\lg(T\omega) \end{cases}$$

而求得

$$\omega_c = \frac{1}{T}$$

其实,系统对数幅频特性曲线上的各个转角频率,就是系统各组成环节的时间常数的倒数或无阻尼自然频率。对数幅频特性曲线的渐近线的斜率,在转角频率处要发生突变,所以在绘制波德图时要确定各个转角频率。

5.幅值穿越频率

对数幅频特性曲线与横坐标轴相交处的频率称为幅值穿越频率或增益交界频率,用 ω_{cr} 表示。穿越频率可通过求解由高频段渐近线方程和 $L(\omega) = 0$ 组成的联立方程而得到。如式(8-29)所示的对数幅频特性曲线的幅值穿越频率,可解联立方程

$$\begin{cases} L(\omega) = 20\lg 5 - 20\lg(T\omega) \\ L(\omega) = 0 \end{cases}$$

而得到

$$\omega_{cr} = \frac{5}{T}$$

对数相频特性是指频率特性函数的相位随 ω 而变化的关系。

对数相频特性图的横坐标轴的分度与对数幅频特性图的相同,是按频率 ω 的对数分度。因为两矢量相乘时,其相位是相加的,所以无需对频率特性函数的相位取对数,故对数相频特性图的纵坐标轴是按相位的度数或弧度数线性分度的。

对数相频特性曲线与 $-180°$ 线相交处的频率,或者说频率特性函数的相位等于 $-180°$ 时的频率称为相位穿越频率或相位交界频率,用 $\omega_{c\varphi}$ 表示。

二、典型环节的波德图

1.放大环节

放大环节的频率特性函数为

$$G(j\omega) = K$$

故其幅值和相位为

$$A(\omega) = K, \quad \varphi(\omega) = 0°$$

其对数幅频特性为

$$L(\omega) = 20\lg K$$

可知放大环节的对数幅频特性曲线是一条与 ω 轴平行的直线。当 $K > 1$ 时,$L(\omega)$ 的分贝数为正;当 $K < 1$ 时,$L(\omega)$ 的分贝数为负;若 $K = 1$,则 $L(\omega)$

= 0。图 8-13 所示就是放大环节的波德图。可见放大环节的对数幅值和相位都与频率无关。

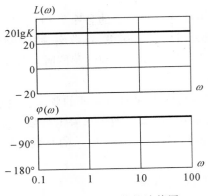

图 8-13 放大环节的波德图

2. 惯性环节

因惯性环节的频率特性函数及其幅值和相位分别为

$$G(j\omega) = \frac{1}{jT\omega + 1}$$

$$A(\omega) = \frac{1}{\sqrt{1 + T^2 \omega^2}}$$

$$\varphi(\omega) = -\operatorname{arctg}(T\omega)$$

故其对数幅频特性为

$$L(\omega) = -20\lg \sqrt{1 + T^2 \omega^2}$$

它的两条渐近线为

当 $\omega \ll \dfrac{1}{T}$ 时：$L(\omega) = -20\lg 1 = 0$

当 $\omega \gg \dfrac{1}{T}$ 时：$L(\omega) = -20\lg T\omega$

即在低频段，渐近线是一条零分贝的水平线，在高频段是一条斜率为 $-20\mathrm{dB/dec}$ 的直线。该两条渐近线相交处的转角频率为

$$\omega_c = \frac{1}{T}$$

很明显，惯性环节的对数幅频特性曲线的穿越频率和转角频率相等，即

$$\omega_{cr} = \omega_c$$

对于一般工程计算，可以用这两条渐近线来代替惯性环节的对数幅频特性曲线。当精度要求高时，就需要进行修正。因为渐近线和对数幅频特性

曲线之间存在着误差,并且在转角频率处误差最大。其值为

$$\Delta_{\max} = -20\lg\sqrt{1 + T^2\frac{1}{T^2}} - (-20\lg 1) = -20\lg\sqrt{2} = -3.01\text{dB}$$

在其他频率处计算所得的误差如表 8-1 所示。因此惯性环节的精确的对数幅值是以渐近线表示的数值与表 8-1 中的 Δ 值之和。

表 8-1　用渐近线表示惯性环节的对数幅频特性时的误差

ω	$\frac{1}{10T}$	$\frac{1}{5T}$	$\frac{1}{2T}$	$\frac{1}{T}$	$\frac{2}{T}$	$\frac{5}{T}$	$\frac{10}{T}$
$\Delta(\text{dB})$	-0.04	-0.17	-0.97	-3.01	-0.97	-0.17	-0.04

图 8-14 所示的惯性环节的对数幅频特性图中,实线为渐近线,虚线部分为修正后的精确曲线。

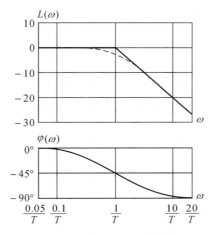

图 8-14　惯性环节的波德图

惯性环节的对数相频特性曲线,是一条反正切曲线。其相位和频率的关系如表 8-2 和图 8-14 所示。可见惯性环节的对数相频特性曲线是斜对称于 $(\frac{1}{T}, -45°)$ 点的。

表 8-2　惯性环节的相位与频率的关系

ω	0	$\frac{1}{10T}$	$\frac{1}{5T}$	$\frac{1}{2T}$	$\frac{1}{T}$	$\frac{2}{T}$	$\frac{5}{T}$	$\frac{10}{T}$	∞
$\varphi°$	0	-5.7	-11.3	-26.6	-45	-63.4	-78.7	-84.3	-90

由惯性环节的波德图可见,惯性环节在低频时,输出能跟踪正弦输入。

但当频率高于 $\dfrac{1}{T}$ 时,其对数幅值便以 -20dB/dec 的斜率降落。这是因为环节存在时间常数,输出达到一定幅值时,需要一定时间的缘故。当频率过高时,输出便跟不上输入的变化。故在高频时,输出的幅值将趋近于零,输出的相位趋于 $-90°$。如果输入函数中包含有多种谐波,则输入中的低频分量能得到精确的复现,而高频分量的幅值就要衰减,并产生较大的相移。所以惯性环节具有低通滤波器的特性。

3. 积分环节

积分环节的频率特性函数为

$$G(j\omega) = \frac{1}{j\omega} = \frac{1}{\omega}e^{-j\frac{\pi}{2}}$$

故其对数幅频特性为

$$L(\omega) = -20\lg\omega$$

对数相频特性为

$$\varphi(\omega) = -90°$$

可见积分环节的对数幅频特性曲线是一条在 $\omega = 1$ 时通过零分贝线,且斜率为每十倍频程负 20 分贝的直线。积分环节的相位和频率 ω 无关,其对数相频特性曲线是一条 $\varphi(\omega) = -90°$ 的直线。积分环节的波德图如图 8-15 所示。

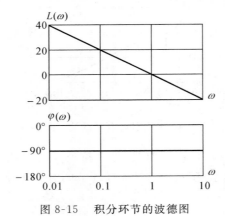

图 8-15　积分环节的波德图

4. 微分环节

微分环节的频率特性函数为

$$G(j\omega) = j\omega = \omega e^{j\frac{\pi}{2}}$$

故其对数幅频特性为

$$L(\omega) = 20\lg\omega$$

对数相频特性为

$$\varphi(\omega) = 90°$$

可知微分环节的对数幅频特性曲线为一条在 $\omega = 1$ 时通过零分贝线,且斜率为 20dB/dec 的直线,其相位和频率 ω 无关。对数相频特性曲线是一条 $\varphi(\omega) = 90°$ 的直线。微分环节的波德图如图 8-16 所示。

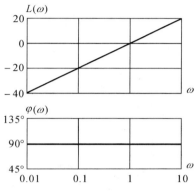

图 8-16　微分环节的波德图

5. 振荡环节

振荡环节的频率特性函数为

$$G(j\omega) = \frac{1}{T^2(j\omega)^2 + 2\zeta T(j\omega) + 1}$$
$$= \frac{1}{\sqrt{(1 - T^2\omega^2)^2 + (2\zeta T\omega)^2}} e^{-j\mathrm{arctg}\frac{2\zeta T\omega}{1 - T^2\omega^2}}$$

故对数幅频特性为

$$L(\omega) = -20\lg\sqrt{(1 - T^2\omega^2)^2 + (2\zeta T\omega)^2}$$

对数相频特性为

$$\varphi(\omega) = -\mathrm{arctg}\frac{2\zeta T\omega}{1 - T^2\omega^2}$$

可知振荡环节的对数幅频特性和对数相频特性不但和频率 ω 有关,同时还和阻尼比 ζ 有关。下面先作它的对数幅频特性曲线的渐近线,然后再考虑阻尼比的影响。

在低频段,即当 $\omega \ll \frac{1}{T}$ 时,可近似得

$$L(\omega) = -20\lg 1 = 0$$

即在低频段的渐近线是一条与零分贝线相重的直线。

在高频段,即当 $\omega \gg \frac{1}{T}$ 时,可近似得

$$L(\omega) = -20\lg(T^2\omega^2) = -40\lg(T\omega)$$

即在高频段的渐近线是一条斜率为 -40dB/dec 的直线。

两条渐近线相交处的转角频率为

$$\omega_c = \frac{1}{T} = \omega_n$$

即振荡环节的无阻尼自然频率就是它的转角频率。同时知,其穿越频率与转角频率相等,即

$$\omega_{cr} = \omega_c$$

所求的两条渐近线,都和阻尼比 ζ 无关,因此,当考虑阻尼比时,渐近线和精确对数幅频特性曲线之间就有一定大小的误差。当 $\omega = \frac{1}{T}$ 时,精确对数幅频特性曲线和渐近线之间的差值为

$$\Delta = -20\lg\sqrt{(1-T^2\frac{1}{T^2})^2 + (2\zeta T\frac{1}{T})^2} - (-20\lg1)$$
$$= -20\lg(2\zeta) \tag{8-32}$$

另外,当阻尼比小于 0.707 时,幅值会出现谐振峰值。对于实际系统,在谐振频率

$$\omega_r = \omega_n\sqrt{1-2\zeta^2}$$

处的对数谐振峰值为

$$L(\omega)\,|_{\omega=\omega_r} = -20\lg2\zeta\sqrt{1-\zeta^2}$$

因此,精确的对数幅频特性曲线可在渐近线基础上,按以上考虑进行修正。

由对数相频特性表达式知,虽然振荡环节的相位是 ω 和 ζ 的函数,但是不论 ζ 为何值,在 $\omega = 0$,$\omega = \frac{1}{T}$ 和 $\omega = \infty$ 时,相位都分别等于 $0°$、$-90°$ 和 $-180°$。$\zeta = 0.5$ 时,相位随频率而变化的关系如表 8-3 所示。可见振荡环节的对数相频特性曲线关于 $(\frac{1}{T}, -90°)$ 点是斜对称的。

表 8-3 ξ=0.5 时振荡环节的相位与频率的关系

ω	0	$\frac{1}{10T}$	$\frac{1}{5T}$	$\frac{1}{2T}$	$\frac{1}{T}$	$\frac{2}{T}$	$\frac{5}{T}$	$\frac{10}{T}$	∞
$\varphi°$	0	-5.77	-11.77	-33.69	-90	-146.31	-168.23	-174.23	-180

图 8-17 是用渐近线代表对数幅频特性曲线和在 $\zeta = 0.5$ 时的对数相频特性曲线表示的振荡环节的波德图。不同 ζ 值时的振荡环节的波德图如图 8-18 所示。

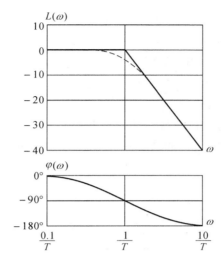

图 8-17　振荡环节的波德图

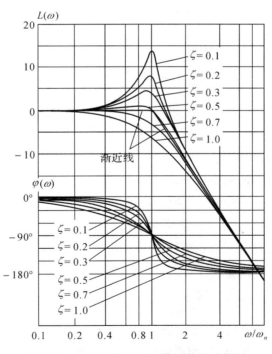

图 8-18　不同 ζ 值时的振荡环节的波德图

6. 一阶微分环节
一阶微分环节的频率特性函数为

$$G(j\omega) = (1 + j\tau\omega) = \sqrt{1 + \tau^2\omega^2}\, e^{j\mathrm{arctg}(\tau\omega)}$$

故其对数幅频特性为

$$L(\omega) = 20\lg\sqrt{1 + \tau^2\omega^2}$$

对数相频特性为

$$\varphi(\omega) = \mathrm{arctg}(\tau\omega)$$

与惯性环节的对数幅频特性和对数相频特性比较知,两者只相差一个符号。因此,一阶微分环节的波德图可以参照惯性环节的波德图画出(见图 8-19)。

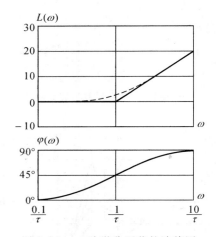

图 8-19　一阶微分环节的波德图

7. 二阶微分环节

二阶微分环节的频率特性函数为

$$G(j\omega) = \tau^2(j\omega)^2 + 2\zeta\tau(j\omega) + 1$$
$$= \sqrt{(1 - \tau^2\omega^2)^2 + (2\zeta\omega)^2}\, e^{j\mathrm{arctg}\frac{2\zeta\tau\omega}{1 - \tau^2\omega^2}}$$

故其对数幅频特性和对数相频特性为

$$L(\omega) = 20\lg\sqrt{(1 - \tau^2\omega^2)^2 + (2\zeta\tau\omega)^2}$$

$$\varphi(\omega) = \mathrm{arctg}\frac{2\zeta\tau\omega}{1 - \tau^2\omega^2}$$

可见它们和振荡环节的对数幅频特性、对数相频特性只相差一个符号。因此,可以参照振荡环节的波德图画出二阶微分环节的波德图。

8. 滞后环节

滞后环节的频率特性函数为

$$G(j\omega) = e^{-j\omega\tau}$$

即其幅值为

$$A(\omega) = |(\cos\omega\tau - j\sin\omega\tau)| = 1$$

故其对数幅频特性和对数相频特性为

$$L(\omega) = 20\lg1 = 0$$

$$\varphi(\omega) = -\tau\omega\,(弧度)$$

$$= -57.3\tau\omega\,(度)$$

因此,滞后环节的对数幅频特性曲线是一条与零分贝线重合的直线。它的相位滞后与频率 ω 成正比。滞后环节的波德图如图 8-20 所示。

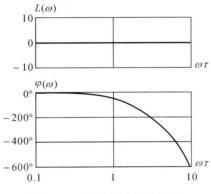

图 8-20 滞后环节的波德图

除放大环节和滞后环节外的其他各典型环节的对数幅频特性曲线的渐近线和对数相频特性曲线归纳如图 8-21 所示。图中 ① 为微分环节,② 为积分环节,③ 为二阶微分环节,④ 为一阶微分环节,⑤ 为惯性环节,⑥ 为振荡环节。由图可见,积分环节和微分环节、惯性环节和一阶微分环节、振荡环节和二阶微分环节等的对数频率特性曲线是分别互成镜像关系的。

三、系统的开环波德图

掌握了绘制典型环节波德图的方法以后,绘制系统开环波德图也就并不困难了。下面先介绍绘制开环波德图的一般步骤,然后再举例加以说明。

绘制开环波德图,一般可按如下步骤进行:

1. 将系统开环传递函数写成式(8-26)所示的带时间常数的形式;

2. 求出各典型环节的转角频率 ω_{c1}、ω_{c2}、ω_{c3} 等,这里假设 $\omega_{c1} < \omega_{c2} < \omega_{c3}$ 等。过频率轴上各转角频率 ω_{c1}、ω_{c2}、ω_{c3} 等作平行于 $L(\omega)$ 轴的直线 l_1、l_2、

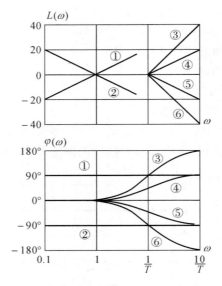

图 8-21　对数频率特性的镜像关系

l_3 等；

3. 作低频段的对数幅频特性曲线的渐近线。因 ω 很小，各一阶因子、二阶因子都趋于 1，故低频渐近线就相当于 $K/(j\omega)^\nu$ 的对数幅频特性曲线。这是一条斜率为 -20ν dB/dec，并且通过 $(1, 20\lg K)$ 点的直线。实际上，这条直线是放大环节和 ν 个积分环节的对数幅频特性曲线叠加的结果。显然，当 $K = 1$ 和 $\nu = 1$ 时，它是一条通过频率轴上 $\omega = 1$ 的一点、且斜率等于 -20 dB/dec 的直线。当 $\nu = 0$ 时，它是一条平行于频率轴，且 $L(\omega) = 20\lg K$ 的直线。延长低频段渐近线与直线 l_1 相交于 b 点。

4. 在低频段渐近线基础上作转角频率为 ω_{c1} 的环节的渐近线，也就是将低频段渐近线和转角频率为 ω_{c1} 的环节的渐近线进行叠加。叠加结果是：在频率低于 ω_{c1} 的频段，原渐近线不变；在频率高于 ω_{c1} 的频段，渐近线的斜率是原渐近线的斜率与转角频率为 ω_{c1} 的环节的渐近线的斜率之和。转角频率处的分贝值就是交点 b 处的分贝值。

5. 参照第 4 步的方法，依次作出转角频率为 ω_{c2}、ω_{c3} 等环节渐近线后，即得出所求系统的开环对数幅频特性曲线的渐近线。

6. 必要时可在已作出的渐近线的基础上进行修正，从而得到精确的对数幅频特性曲线。

7. 在各转角频率处确定相应环节对数相频特性曲线的斜对称点，作出各环节的对数相频特性曲线。将各个环节的对数相频特性曲线叠加起来，即得所求系统的开环对数相频特性曲线。

【例 8-3】 作开环传递函数

$$G(S)H(S) = \frac{2500(S+10)}{S(S+2)(S^2+30S+2500)}$$

的波德图。

解：先作对数幅频特性曲线：

1.将开环传递函数写成带时间常数的形式得：

$$G(S)H(S) = \frac{5(0.1S+1)}{S(0.5S+1)\left[\left(\frac{S}{50}\right)^2+0.6\frac{S}{50}+1\right]}$$

故其频率特性函数为

$$G(j\omega)H(j\omega) = \frac{5(j0.1\omega+1)}{j\omega(j0.5\omega+1)\left[\left(\frac{j\omega}{50}\right)^2+j0.6\frac{\omega}{50}+1\right]}$$

2.系统开环传递函数的组成环节及其转角频率为

（1）放大环节（增益 $K=5$）

（2）积分环节

（3）惯性环节，$\omega_{c1}=2$

（4）一阶微分环节，$\omega_{c2}=10$

（5）振荡环节，$\omega_{c3}=50$

过频率轴上的 ω_{c1}、ω_{c2}、ω_{c3} 点，作平行于 $L(\omega)$ 轴的直线 l_1、l_2 和 l_3。

3.作低频段的对数幅频特性曲线的渐近线。

在本例中，$K=5$，$\nu=1$，故这条渐近线的斜率为 -20dB/dec，它在 $\omega=1$ 时的分贝值为 $20\lg 5 = 14$，此渐近线即为图 8-22 中的直线 ab，该渐近线与直线 l_1 相交于 b 点。

4.在低频渐近线的基础上，作惯性环节的渐近线。

因惯性环节的渐近线在低频段是一条零分贝的水平线，在高频段是一条斜率为 -20dB/dec 的直线，故在低频渐近线基础上叠加惯性环节渐近线后，在频率低于 $\omega_{c1}=2$ 的频段，原渐近线不变；在频率高于 $\omega_{c1}=2$ 的频段，渐近线斜率变成 -40dB/dec。两条渐近线在转角频率处的分贝值就是 b 点的分贝值。叠加后的渐近线就是图 8-22 中的 abc 折线。

5.在已作的渐近线基础上，作一阶微分环节的渐近线。一阶微分环节的渐近线在低频段是一条零分贝线，在高频段是一条 20dB/dec 的直线。故一阶微分环节渐近线与渐近线 abc 叠加后，频率低于 ω_{c2} 的频段，渐近线不变。频率高于 ω_{c2} 的频段，斜率变成 -20dB/dec。渐近线 abc 与直线 l_2 交点 c 处的分贝值，就是渐近线在转角频率 $\omega_{c2}=10$ 处的分贝值。因而作出渐近线 $abcd$。

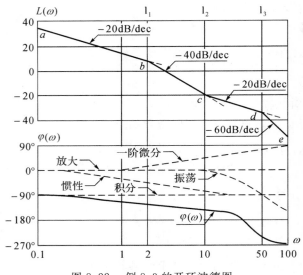

图 8-22　例 8-3 的开环波德图

6. 参照上一步的方法,在已作渐近线 abcd 的基础上,作振荡环节的渐近线后,即可作出所求的开环对数幅频特性曲线的渐近线 abcde,如图 8-22 所示。

如果上述渐近线已满足精度要求,就可不必再进行修正。下面作对数相频特性曲线。

对数相频特性曲线,也可用渐近线来表示。作对数相频特性曲线渐近线的方法是,令频率低于 $0.1\omega_c$ 的频段相位和 ω 趋于零的相位相等。频率高于 $10\omega_c$ 的频段的相位和 ω 趋于无穷大时的相位相等。频率在 $0.1\omega_c$ 和 $10\omega_c$ 之间,相位按线性变化。

为简明起见,本例中,除振荡环节外,其他各环节的对数相频特性曲线均用渐近线来表示。各环节的对数相频特性曲线或其渐近线以及叠加后的开环对数相频特性曲线如图 8-22 所示。

四、最小相位传递函数

在具有相同幅频特性的频率特性函数中,零点、极点在复平面上均处于同一个半平面上的传递函数,当 ω 从零增大到无穷大时,其频率特性的相位变化范围最小。在工程实际中,一般都将环节的极点设计在左半平面上,因此在右半平面上没有零点,也就是说,极点、零点全部处于复平面左半边的传递函数,当 ω 从零增大到无穷大时,其频率特性的相位变化范围最小。因此称零点、极点全部在左半平面的传递函数为最小相位传递函数。在以下章、节中,如未另加说明,则所讨论传递函数均指最小相位传递函数。

设传递函数

$$G_1(S) = \frac{\tau S + 1}{TS + 1}, \quad G_2(S) = \frac{-\tau S + 1}{TS + 1} \quad (T > \tau > 0)$$

相应的频率特性函数为

$$G_1(j\omega) = \frac{j\tau\omega + 1}{jT\omega + 1}, \quad G_2(j\omega) = \frac{-j\tau\omega + 1}{jT\omega + 1}$$

显然它们的幅频特性相同,但相频特性分别为

$$\angle G_1(j\omega) = \text{argtg}\,\tau\omega - \text{arctg}\,T\omega$$
$$\angle G_2(j\omega) = -\text{argtg}\,\tau\omega - \text{arctg}\,T\omega$$

图 8-23 表示了这两个频率特性函数的相频特性。由图可见,当 ω 从零增大到无穷大时,$\angle G_2(j\omega)$ 的变化范围大于 $\angle G_1(j\omega)$ 的变化范围。可见 $G_1(S)$ 为最小相位传递函数,$G_2(S)$ 为非最小相位传递函数。

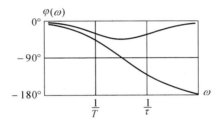

图 8-23　最小相位传递函数和非最小相位传递函数的相频特性

最小相位传递函数的幅频特性和相频特性之间存在着确定的单值对应关系。也就是说,只有唯一的一条相频特性曲线和它的幅频特性曲线相对应。因此,对于最小相位传递函数,只要知道它的对数幅频特性曲线,就能写出传递函数。

根据对数幅频特性曲线高频渐近线的斜率以及频率趋于无穷大时的相位大小,就可以确定所讨论的传递函数是否是最小相位传递函数。因为对于最小相位传递函数,若它的对数幅频特性曲线高频渐近线的斜率为 $-20(n-m)\text{dB/dec}$,其中 n、m 分别为传递函数分母、分子多项式的次数,则频率趋于无穷大时,相位为 $-(n-m) \times 90°$。

滞后环节的传递函数 $e^{-\tau S}$ 是非最小相位传递函数。因为 $e^{-\tau S}$ 可以展开成幂级数

$$e^{-\tau S} = 1 - \tau S + \frac{1}{2!}\tau^2 S^2 + \frac{1}{3!}\tau^3 S^3 + \cdots$$

式中各项系数的符号不相同,故必有零点在复平面的右半边。

五、传递函数的试验确定

分析系统的动态性能,要有系统的数学模型。对于结构、参数和系统运动机理都清楚的系统可以运用合适的建模方法,求得它们的数学模型。否则就需要通过系统辨识才能求得数学模型。通过系统(或环节)的频率响应试验,可以求出系统(或环节)的传递函数。下面介绍利用系统开环频率响应试验所得的开环波德图求取系统开环传递函数的一般方法和步骤。

1.在试验所得的对数幅频特性曲线上,逐段作出斜率为 $\pm 20n\text{dB/dec}(n = 0,1,2$ 等)的渐近线;

2. 确定系统的型别

当 ω 趋于零时,频率特性函数可近似地写成

$$G(j\omega)H(j\omega) = \frac{K}{(j\omega)^\nu}$$

故低频段的对数幅频特性可写成

$$20\lg \mid G(j\omega)H(j\omega) \mid = 20\lg K - \nu 20\lg\omega \tag{8-33}$$

式(8-33)表明了低频渐近线的斜率与系统型别(即积分环节数目 ν)的关系,即:若斜率为 0dB/dec,则 $\nu = 0$,斜率为 -20dB/dec,则 $\nu = 1$;斜率为 -40dB/dec,则 $\nu = 2$ 等。

3.确定开环增益 K

由方程(8-33)可求得和 $\omega = 1$ 对应的对数幅值 $L(1)$ 与增益 K 的关系

$$K = 10^{L(1)/20} \tag{8-34}$$

因此知道了 $\omega = 1$ 时对数幅值的分贝值就可求得开环增益 K。另外,利用方程(8-33)还可求得开环增益 K 与低频渐近线或其延长线和零分贝轴交处频率 ω_k 的关系:

$$K = \omega_k^\nu \tag{8-35}$$

图 8-24 表示了这一关系。

4.确定其他环节的传递函数

表 8-4 表示了由对数幅频特性曲线渐近线展示的转角频率 ω_c、渐近线斜率在 ω_c 处的变化值 $\Delta\text{dB/dec}$ 和以 ω_c 为转角频率的环节的传递函数之间的对应关系。因此根据渐近线斜率的变化大小,就可确定环节的性质。至于二阶微分环节或振荡环节的阻尼比,可利用式(8-32)求得。

若当 ω 趋于无穷大时,试验所得的对数相频曲线趋于 $-(n-m)\times 90°$,其中 n、m 分别为传递函数分母、分子多项式的次数,则所求传递函数就是最

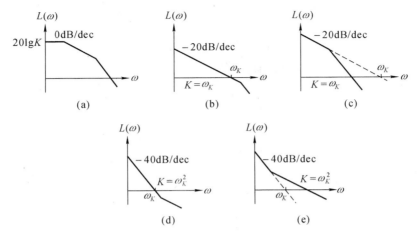

图 8-24 K 与 ν 和 ω_κ 的关系

小相位传递函数。否则为非最小相位传递函数。

表 8-4 转角频率为 ω_c 的环节传递函数

转角频率 ω_c		
ω_c 处的斜率变化	环节的性质	环节的传递函数
$+20$dB/dec	一阶微分环节	$(S/\omega_c)+1$
-20dB/dec	惯性环节	$1/[(S/\omega_c)+1]$
$+40$dB/dec	二阶微分环节	$(S/\omega_c)^2+(2\zeta S/\omega_c)+1$
-40dB/dec	振荡环节	$1/[(S/\omega_c)^2+(2\zeta S/\omega_c)+1]$

【例 8-4】 对某系统进行开环频率响应试验,测得其波德图如图 8-25 所示,试求该系统的开环传递函数。

解:作渐近线如图示。因低频渐近线的斜率为 -20dB/dec,故 $\nu=1$。低频渐近线的延长线与零分贝轴相交处的频率为 $\omega=\omega_k=5$。故开环增益 $K=5$。由图知各转角频率为 $\omega_{c1}=2$,$\omega_{c2}=10$,$\omega_{c3}=50$。在 ω_{c1} 处渐近线斜率变化为 -20dB/dec,故转角频率为 ω_{c1} 的环节为惯性环节,其传递函数为 $1/[(S/2)+1]$。在 ω_{c2} 处渐近线斜率变化为 $+20$dB/dec,故开环传递函数中包含有一阶微分环节 $(S/10)+1$。在 ω_{c3} 处渐近线斜率变化为 -40dB/dec,故有一振荡环节。根据试验曲线和方程(8-32),求得 $\zeta\approx0.3$。于是该系统的开环传递函数为

$$G(S)H(S)=\frac{5(0.1S+1)}{S(0.5S+1)(0.0004S^2+0.012S+1)}$$

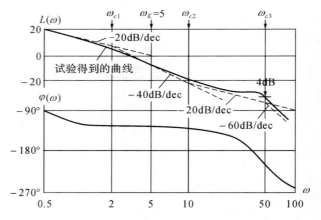

图 8-25 例 8-4 系统的开环频率响应试验曲线

第四节 稳定性的频域判据

在第五章中曾经介绍过系统稳定性的罗斯判据和霍尔维茨判据。本节将介绍米哈依洛夫判据和奈魁斯特判据。米哈依洛夫判据利用系统的特征方程,而奈魁斯特判据则利用系统的开环频率特性来判别系统的稳定性。这两种判据又称为频域稳定判据。

一、米哈依洛夫稳定判据

米哈依洛夫判据的理论基础是米哈依洛夫定理,米哈依洛夫定理可叙述如下。设方程

$$D(S) = a_n S^n + a_{n-1} S^{n-1} + \cdots + a_1 S + a_0 = 0 \qquad (8-36)$$

的 n 个根中有 m 个根在复平面的右半边,其余的 $(n-m)$ 个根在复平面的左半边。令 $S = j\omega$,则式(8-36)可写成

$$D(j\omega) = a_n (j\omega)^n + a_{n-1} (j\omega)^{n-1} + \cdots + a_1 (j\omega) + a_0 \qquad (8-37)$$

或

$$D(j\omega) = | D(j\omega) | e^{j\angle D(j\omega)} \qquad (8-38)$$

当 ω 由 0 变到 $+\infty$ 时,矢量 $D(j\omega)$ 的幅角增量为

$$\Delta \underset{\omega=0 \to \infty}{\angle} D(j\omega) = \frac{1}{2}(n-2m)\pi \qquad (8-39)$$

米哈依洛夫定理可证明如下。

设 $S_1, S_2, \cdots S_n$ 是方程(8-36)的根,则式(8-36)可写成

$$D(j\omega) = a_n(j\omega - S_1)(j\omega - S_2) \cdots (j\omega - S_n)$$
$$= |D(j\omega)| e^{j\angle D(j\omega)}$$

式中

$$|D(j\omega)| = a_n |j\omega - S_1| |j\omega - S_2| \cdots |j\omega - S_n|$$
$$\angle D(j\omega) = \angle(j\omega - S_1) + \angle(j\omega - S_2) + \cdots \angle(j\omega - S_n) \quad (8\text{-}40)$$

在复平面上,由根 $S_i(i=1,2,\cdots,n)$ 所在位置出发,到虚轴上某一点止所构成的矢量,就是矢量 $(j\omega - S_i)$,如图 8-26 所示。

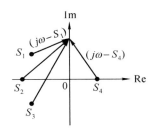

图 8-26　矢量 $(j\omega - S_1)$

当 ω 变化时,矢量 $j\omega$ 的末端在虚轴上移动。因此矢量 $(j\omega - S_i)$ 也随之绕其始端转动。若规定矢量逆时针方向转动时,其幅角增量为正,而顺时针方向转动时为负,则当 ω 由 $-\infty$ 变到 $+\infty$ 时,每一个位于复平面左半边的矢量,其幅角增量为 π,而位于右半边的矢量幅角增量为 $-\pi$。今有 m 个根在复平面的右半边,$(n-m)$ 个在左半边。故得

$$\underset{\omega = -\infty \to +\infty}{\Delta \angle D(j\omega)} = (n-m)\pi - m\pi = (n-2m)\pi$$

因为式(8-37)可写成

$$D(j\omega) = R(\omega) + jI(\omega) \quad\quad\quad\quad (8\text{-}41)$$

式中

$$R(\omega) = a_0 - a_2\omega^2 + a_4\omega^4 - \cdots$$
$$I(\omega) = a_1\omega - a_3\omega^3 + a_5\omega^5 - \cdots$$

可见

$$R(-\omega) = R(\omega)$$
$$I(-\omega) = -I(\omega)$$

故

$$D(-j\omega) = R(\omega) - jI(\omega) \quad\quad\quad\quad (8\text{-}42)$$

式(8-41)和(8-42)表明,当 ω 由 $-\infty$ 变到 $+\infty$ 时,矢量 $D(j\omega)$ 的矢端轨迹是对称于实轴的,故当 ω 由 0 变到 $+\infty$ 时矢量 $D(j\omega)$ 的幅角增量为

$$\underset{\omega = 0 \to \infty}{\Delta \angle D(j\omega)} = \frac{1}{2}(n-2m)\pi \quad\quad (8\text{-}43)$$

于是米哈依洛夫定理得到了证明。

根据上述定理,米哈依洛夫于 1938 年提出了如下的稳定判据:

一个由 n 次特征方程式

$$D(S) = a_n S^n + a_{n-1} S^{n-1} + \cdots + a_1 S + a_0 = 0$$

所描述的系统,其稳定的必要和充分条件是,当 ω 由 0 变到 $+\infty$ 时,矢量 $D(j\omega)$ 的幅角增量应为

$$\Delta \underset{\omega=0 \to +\infty}{\angle} D(j\omega) = \frac{1}{2} n\pi \tag{8-44}$$

又从方程(8-37)知,当 $\omega = 0$ 时,$D(j\omega) = a_0$。所以米哈依洛夫判据也可叙述为:若 n 阶系统的特征方程式为 $D(S) = 0$,则该系统稳定的必要和充分条件是,当 ω 从 0 变到 $+\infty$ 时,矢量 $D(j\omega)$ 的矢端轨迹应从正实轴出发,并按逆时针方向依次通过 n 个象限。

图 8-27 表示了两个四阶系统的 $D(j\omega)$ 矢端轨迹。很明显,图(a)所示系统是稳定的,而图(b)所示系统则是不稳定的。

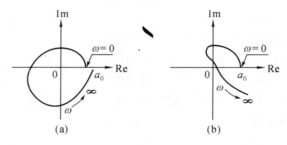

图 8-27　四阶系统的 $D(j\omega)$ 矢端轨迹

在复平面上画 $D(j\omega)$ 的矢端轨迹,是件很繁琐的事。其实应用米哈依洛夫判据判别系统的稳定性时,也不一定要画出 $D(j\omega)$ 的矢端轨迹。从图 8-27(a)可见,当 ω 从 0 增高时,稳定系统的 $D(j\omega)$ 矢端轨迹的虚部和实部是依次交替为零的。因此,解代数方程 $I(\omega) = 0$ 和 $R(\omega) = 0$ 所得的 ω 值应当相间地增大。

【例 8-5】　设系统的特征方程为
$$D(S) = S^5 + S^4 + 7S^3 + 4S^2 + 10S + 3 = 0$$
试用米哈依洛夫判据判别其稳定性。

解:由特征方程式知,$D(j\omega)$ 的虚部 $I(\omega)$ 和实部 $R(\omega)$ 分别为
$$I(\omega) = \omega^5 - 7\omega^3 + 10\omega$$
$$R(\omega) = \omega^4 - 4\omega^2 + 3$$

解方程 $I(\omega) = 0$ 得等于、大于零的 ω 值为:$\omega_0 = 0$,$\omega_2 = 1.41$,$\omega_4 = 2.236$。解 $R(\omega) = 0$ 得大于零的 ω 值为:$\omega_1 = 1$,$\omega_3 = 1.71$,因 $\omega_0 < \omega_1 < \omega_2 < \omega_3 < \omega_4$,所以系统是稳定的。

$D(j\omega)$ 的矢端轨迹的形状和它在复平面中的位置,决定于特征方程式的

系数 a_n、a_{n-1}、$\cdots$、a_1、a_0。如果只改变 a_0，而其他系数不变，则 $D(j\omega)$ 矢端轨迹的位置将在水平方向发生变化，但形状不变。由图 8-28 可见，当 a_0 在大于 0，小于 a_k 的范围内变动时，不影响原稳定系统的稳定性。但若 a_0 大于 a_k，系统就不稳定了。所以应用米哈依洛夫判据还可选择系统合适的参数，以保证系统稳定。

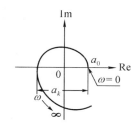

图 8-28　a_0 变化对稳定性的影响

二、奈奎斯特稳定判据

奈奎斯特判据是奈奎斯特在 1932 年设计反馈放大器时提出的。它是根据系统开环频率特性的奈奎斯特图来判别系统稳定性的。奈奎斯特稳定判据说明如下。

对于图 8-29 所示的系统，其开环传递函数为 $G(S)H(S)$，系统的闭环传递函数为

$$\frac{Y(S)}{R(S)} = \frac{G(S)}{1+G(S)H(S)}$$

设

图 8-29　闭环系统方块图

$$G(S)H(S) = \frac{B(S)}{A(S)}$$

则

$$1+G(S)H(S) = 1+\frac{B(S)}{A(S)} = \frac{A(S)+B(S)}{A(S)} \tag{8-45}$$

多项式 $A(S)$ 的次数为 n，$B(S)$ 的次数为 m，并且 $n>m$。$A(S)=0$ 是开环传递函数的特征方程，而 $A(S)+B(S)=0$ 是闭环传递函数的特征方程，它们都是 n 次的。

令 $F(S)=1+G(S)H(S)$，同时用 $D(S)=0$ 表示系统的特征方程，则式(8-45)可写成

$$F(S) = 1+G(S)H(S) = \frac{D(S)}{A(S)} \tag{8-46}$$

方程(8-46)将开环传递函数、开环传递函数的特征多项式和闭环传递函数的特征多项式三者联系了起来。令 $S=j\omega$，则式(8-46)成为

$$F(j\omega) = 1+G(j\omega)H(j\omega) = \frac{D(j\omega)}{A(j\omega)} \tag{8-47}$$

由方程(8-47)可知，ω 由 0 到 $+\infty$ 时矢量 $F(j\omega)$ 的幅角增量为

$$\underset{\omega=0\rightarrow+\infty}{\Delta\angle F(j\omega)} = \underset{\omega=0\rightarrow+\infty}{\Delta\angle D(j\omega)} - \underset{\omega=0\rightarrow+\infty}{\Delta\angle A(j\omega)} \tag{8-48}$$

方程式(8-48)表明,当已知系统开环传递函数的特征根在复平面左、右两半边的分布数目时,就可以根据ω由0变到$+\infty$时矢量$F(j\omega)$的幅角增量来判别闭环系统的稳定性。

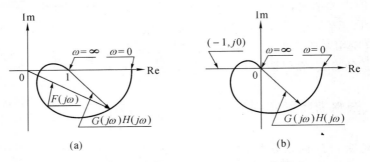

图 8-30 矢量 $F(j\omega)$ 与 $G(j\omega)H(j\omega)$ 的关系

由方程(8-47)知,矢量$F(j\omega)$与矢量$G(j\omega)H(j\omega)$只相差常数1,所以这两个矢量的矢端轨迹相同,只是在实轴方向的位置不同而已(图8-30表示了这两个矢量的矢端轨迹)。因此,就可以根据系统开环传递函数特征根在复平面上左、右两半边的分布数目以及开环频率特性的奈魁斯特图来判别闭环系统的稳定性。下面分几种情况进行讨论。

1. 系统开环传递函数特征方程式没有零根

这时或者开环传递函数的n个特征根都在复平面的左半边,或者有m个特征根在复平面的右半边,而$(n-m)$个根在左半边。

(1) 开环传递函数的n个特征根全部在复平面的左半边

当开环传递函数全部特征根都在复平面的左半边时,称为开环稳定。于是根据米哈依洛夫定理有

$$\underset{\omega=0\rightarrow+\infty}{\Delta\angle A(j\omega)} = \frac{1}{2}n\pi$$

又对于稳定的闭环系统

$$\underset{\omega=0\rightarrow+\infty}{\Delta\angle D(j\omega)} = \frac{1}{2}n\pi$$

于是由式(8-48)求得闭环系统稳定的条件是

$$\underset{\omega=0\rightarrow+\infty}{\Delta\angle F(j\omega)} = 0 \tag{8-49}$$

由图8-30可以看到,ω由0变到$+\infty$时,矢量$F(j\omega)$的幅角增量为零,就意味着在这一频域里矢量$F(j\omega)$的矢端轨迹不能包围复平面的原点。也就是矢量$G(j\omega)H(j\omega)$的矢端轨迹,即系统开环频率特性的奈魁斯特图不能包

围$(-1,j0)$点。

于是得到奈魁斯特判据如下：

当系统开环稳定时，闭环系统稳定的必要和充分条件是，ω由0变到$+\infty$时，系统开环频率特性的奈魁斯特图不能包围$(-1,j0)$点。

（2）开环传递函数有m个特征根在复平面的右半边

当开环传递函数有特征根在复平面的右半边时，称为开环不稳定。若有m个特征根在右半边，则根据米哈依洛夫定理有

$$\Delta \angle_{\omega=0\to+\infty} A(j\omega) = \frac{1}{2}(n-2m)\pi$$

又对于稳定的系统必有

$$\Delta \angle_{\omega=0\to+\infty} D(j\omega) = \frac{1}{2}n\pi$$

于是由式(8-48)得系统稳定的条件是

$$\Delta \angle_{\omega=0\to+\infty} F(j\omega) = \frac{1}{2}n\pi - \frac{1}{2}(n-2m)\pi = m\pi \tag{8-50}$$

因此得到奈魁斯特判据如下：

当系统开环不稳定，并知开环特征方程式有m个根在复平面的右半边，那么闭环系统稳定的必要和充分条件是，ω由0变到$+\infty$时，系统开环频率特性的奈魁斯特图必需包围$(-1,j0)$点，并且绕该点朝逆时针方向转$\dfrac{m}{2}$圈。

图8-31表示了系统开环奈魁斯特图和闭环系统稳定性的关系。由奈魁斯特判据知，图中(a)、(c)的闭环系统是稳定的，而(b)、(d)的闭环系统则不稳定。

当m为奇数时，计算ω由0变到$+\infty$，$G(j\omega)H(j\omega)$矢端轨迹逆时针方向绕$(-1,j0)$点转过的圈数，会遇到一些麻烦。例如，开环传递函数

$$G(S)H(S) = \frac{K(\tau_1 S+1)(\tau_2 S+1)}{(T_1^2 S^2 + 2\zeta T_1 S+1)(T_2 S-1)(T_3 S+1)}$$

在复平面右半边有一个特征根$S=1/T_2$。而$G(j\omega)H(j\omega)$的矢端轨迹如图8-32中的实线所示。可见这时很难判断它绕$(-1,j0)$点转过的圈数。

这时可以利用ω从$-\infty$到$+\infty$时，$G(j\omega)H(j\omega)$矢端轨迹对于实轴的对称性。画出ω由$-\infty$到0部分的矢端轨迹(图中虚线所示)。如果ω由$-\infty$变到$+\infty$时，$G(j\omega)H(j\omega)$矢端轨迹逆时针方向包围$(-1,j0)$点m圈，则闭环系统是稳定的。故图8-32所示的系统是稳定的。

当奈魁斯特图比较复杂时，往往不容易确定$G(j\omega)H(j\omega)$矢端轨迹逆时针方向绕$(-1,j0)$点转过的圈数。这时可以采用计算奈魁斯特曲线在一

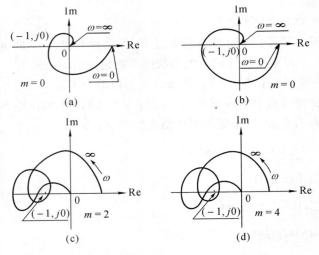

图 8-31　开环奈奎斯特图和闭环系统稳定性的关系

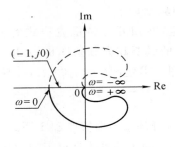

图 8-32　ω 由 $-\infty$ 到 $+\infty$ 时的 $G(j\omega)H(j\omega)$ 矢端轨迹

1 到 $-\infty$ 之间穿过负实轴的次数的方法。因为奈奎斯特曲线绕 $(-1, j0)$ 点逆时针方向转一圈,就意味着该曲线在负实轴的 -1 和 $-\infty$ 之间有一次由上向下的穿越。若规定在 -1 和 $-\infty$ 之间由上向下穿越负实轴为正穿越,而由下向上穿越负实轴为负穿越(如图 8-33 所示),则奈奎斯特稳定判据可表达成:

　　若系统开环特征方程有 m 个根在复平面的右半边,则闭环系统稳定的必要和充分条件是 ω 从 0 变到 $+\infty$ 时,系统开环频率特性的奈奎斯特图在负实轴的 -1 和 $-\infty$ 之间的正穿越次数和负穿越次数之差为 $m/2$。

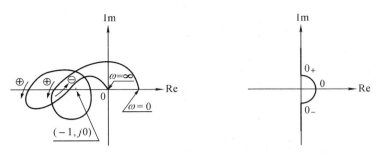

图 8-33　奈奎斯特曲线的正、负穿越　　图 8-34　ω 接近于零时，S 变化的路径

图 8-33 所示的奈奎斯特图，在 -1 和 $-\infty$ 之间，正、负穿越实轴次数之差为 1。若该开环特征方程有两个根处于复平面的右半边，则这一闭环系统是稳定的。

2．系统开环传递函数特征方程有零根时

当系统开环传递函数特征方程有零根 $S_1 = 0$ 时，则在 $\omega = 0$ 时矢量（$j\omega - S_1$）变成幅角不定的零矢量。故无法直接利用米哈依洛夫定理和奈奎斯特判据来判别系统的稳定性。

为了解决这一问题，我们使 S 沿图 8-34 所示路径变化，即当 ω 由 $-\infty$ 变到 0_- 时和由 0_+ 变到 $+\infty$ 时仍沿虚轴变化，即 $S = j\omega$。而当 ω 由 0_- 经 0 变到 0_+ 时沿小半圆 $0_-\ 00_+$ 变化，即 $S = re^{j\varPhi}$。这时 r 趋于零，而 $\varPhi$ 由 $-90°$ 变到 $90°$。经这样处理后，原来位于复平面坐标原点的根，现在就可以看成是位于复平面左半边的根了。

由于在 ω 接近于零时，S 不再沿虚轴变化，所以当开环传递函数特征方程式具有 v 个零根时，即

$$G(S)H(S) = \frac{B(S)}{A(S)} = \frac{B(S)}{S^v A'(S)}$$

开环频率特性在 ω 趋近于零时可以写成：

$$G(j\omega)H(j\omega) = \frac{B(0)}{(re^{j\varPhi})^v A'(0)} = \frac{B(0)}{r^v A'(0)} e^{-jv\varPhi} \qquad (8\text{-}51)$$

由方程（8-51）知，Ⅰ 型、Ⅱ 型……系统在 ω 由 0 变到 0_+ 时，矢量 $G(j\omega)H(j\omega)$ 的幅值为无穷大，相位由 $0°$ 变到 $-v(\pi/2)$。图 8-35 是处理过的 Ⅰ 型系统的奈奎斯特图。其中 ω 由 0 变到 0_+ 部分（图中用虚线表示）是根据方程（8-51）画出的。图中用实线表示的 ω 由 0_+ 变到 $+\infty$ 时的 $G(j\omega)H(j\omega)$ 矢端轨迹是用正常方法画出的。

因此，当系统开环传递函数特征方程有零根时，可以把零根当作具有负实部的根，而利用像图 8-35 那样的奈奎斯特图，根据奈奎斯特判据来判别系

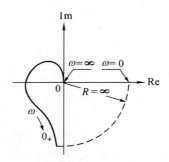

图 8-35　处理过的 Ⅰ 型系统的奈魁斯特图

统的稳定性。

【例 8-6】　设某系统的开环传递函数为

$$G(S)H(S) = \frac{K}{(T_1 S + 1)(T_2 S + 1)}$$

试应用奈魁斯特判据分析该系统的稳定性。

解:当 $\omega = 0$ 时

$$|G(j\omega)H(j\omega)| = K$$

$$\angle G(j\omega)H(j\omega) = 0$$

当 $\omega = \infty$ 时

$$|G(j\omega)H(j\omega)| = 0$$

$$\angle G(j\omega)H(j\omega) = -180°$$

系统开环频率特性的奈魁斯特图如图 8-36 所示,可见奈魁斯特曲线到不了第二象限。所以对于任何正的 K、T_1、T_2 值,奈魁斯特曲线都不会包围 $(-1, j0)$ 点。而系统开环传递函数的特征方程式没有根位于复平面的右半边,故该系统总是稳定的。

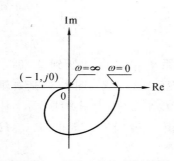

图 8-36　例 8-6 的奈魁斯特图

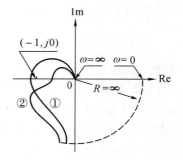

图 8-37　例 8-7 的奈魁斯特图

【例 8-7】　设某系统的开环传递函数为

$$G(S)H(S) = \frac{K(\tau S + 1)}{S(T_1 S + 1)(T_2 S + 1)(T_3 S + 1)}$$

试应用奈魁斯判据分析其稳定性。

解:本系统为 Ⅰ 型系统,当 $\omega = 0_+$ 时,

$$|G(j\omega)H(j\omega)| = \infty$$

$$\angle G(j\omega)H(j\omega) = -90°$$

当 $\omega = \infty$ 时

$$|G(j\omega)H(j\omega)| = 0$$

$$\angle G(j\omega)H(j\omega) = -270°$$

开环频率特性的奈魁斯特图如图 8-37 所示,图中曲线 ① 为 τ 值小时的奈魁斯特曲线,曲线 ② 则为 τ 值大时的奈魁斯特曲线。由图可见,曲线 ① 包围了 $(-1, j0)$ 点,而曲线 ② 则没有包围 $(-1, j0)$ 点,因开环传递函数没有特征根处于复平面右半边,故与曲线 ① 对应的闭环系统不稳定,而与曲线 ② 对应的闭环系统则是稳定的。

【例 8-8】 设系统的开环传递函数为

$$G(S)H(S) = \frac{K}{S(S+1)(TS+1)}$$

试确定保证系统稳定的 K 的取值范围。

解:当开环频率特性的奈魁斯特图通过复平面的 $(-1, j0)$ 点时,则闭环系统将处于临界稳定状态。设通过 $(-1, j0)$ 点时的频率为 ω_0,那么系统稳定的临界条件为

$$|G(j\omega_0)H(j\omega_0)| = 1$$

$$\angle G(j\omega_0)H(j\omega_0) = -180°$$

故得

$$|G(j\omega_0)H(j\omega_0)| = \frac{K}{\sqrt{\omega_0^2 + (1+T^2)\omega_0^4 + T^2\omega_0^6}} = 1$$

$$\angle G(j\omega_0)H(j\omega_0) = \mathrm{arctg}\left[-\frac{1-T\omega_0^2}{(1+T)\omega_0}\right] = -\pi$$

将由相位条件求得的 $\omega_0^2 = 1/T$ 代入幅值条件式中,求得 K 的临界值为

$$K_0 = \frac{1+T}{T}$$

故保证系统稳定的 K 的取值范围为

$$0 < K < \frac{1+T}{T}$$

【例 8-9】 图 8-38 是某系统的开环奈魁斯特图,该系统的开环传递函数是最小相位传递函数,(1)试判别该系统的稳定性;(2)若减小该系统的开

环增益,系统是否仍旧稳定?

解:该系统的开环传递函数在复平面的
右半边没有特征根,而开环奈奎斯特图也不
包围(-1,j0)点,故图示系统是稳定的。

当减小该系统的开环增益时,其开环奈
奎斯特图有可能包围(-1,j0)点,因此系统
将变为不稳定。

这种开环增益减小也会导致不稳定的
系统,称为条件稳定系统。

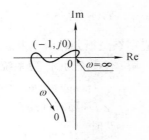

图 8-38 图 8-9 的奈奎斯特图

三、稳定性的对数频率特性判据

稳定性的对数频率特性判据实际上也是一种奈奎斯特判据。它是利用
系统的开环频率特性的波德图来判别系统稳定性的。波德图和奈德斯特图
之间有如下的对应关系:

1.$[GH]$ 平面上通过 $(-1,j0)$ 点的单位圆与波德图中的 0 分贝线对应,
负实轴与波德图中的 $-180°$ 线对应。$[GH]$ 平面单位圆以外的区域,与波德
图 0 分贝线以上的区域对应,而单位圆以内的区域,则对应于波德图中 0 分
贝线以下的区域。图 8-39 表示了这一对应关系。

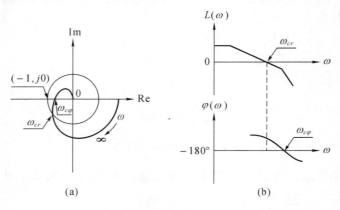

(a)   (b)

图 8-39 开环频率特性的奈奎斯特图(a)和对应的波德图(b)

2.$G(j\omega)H(j\omega)$ 矢端轨迹对 $[GH]$ 平面负实轴在 -1 到 $-\infty$ 之间的自上
而下穿越(正穿越)和自下而上的穿越(负穿越)对应于波德图中在 $L(\omega)$ 大
于 0 分贝的频域内对数相频曲线对 $-180°$ 线的自下而上的穿越(正穿越)和
自上而下的穿越(负穿越),如图 8-40 所示。

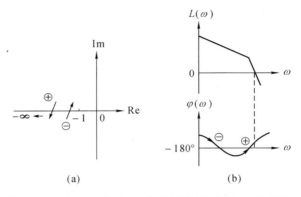

图 8-40　奈魁斯特图(a) 和波德图(b) 中的正、负穿越

根据上述对应关系,可得稳定性的对数频率特性判据如下:

当系统开环稳定时,闭环系统稳定的必要和充分条件是开环频率特性的增益交界频率 ω_{cr} 低于相位交界频率 $\omega_{c\varphi}$(参看图 8-39),或者说在 $L(\omega) > 0$ 的频域内,对数相频曲线与 $-180°$ 线正、负穿越次数之差为零。若系统开环传递函数有 m 个特征根在复平面的右半边,则闭环系统稳定的必要和充分条件是在 $L(\omega) > 0$ 的频域内,对数相频曲线与 $-180°$ 线正、负穿越次数之差为 $m/2$。

图 8-39 所示的开环波德图,其 $\omega_{cr} < \omega_{c\varphi}$,或者说,在 $L(\omega) > 0$ 的频域内,对数相频曲线对 $-180°$ 线的正、负穿越次数之差为零。若 $m = 0$,则其闭环系统是稳定的。

【例 8-10】　已知系统的开环传递函数为

$$G(S)H(S) = \frac{K}{S^2(TS + 1)}$$

试用对数频率特性判据判别其稳定性。

解:本系统的开环频率特性的波德图如图 8-41 所示。因开环传递函数具有两个积分环节,故其对数相频特性曲线的左端有一条从 $0°$ 到 $-180°$ 的虚线。由图可见,在 $L(\omega) > 0$ 的频域内,对数相频曲线与 $-180°$ 线有一次负穿越,故系统不稳定。

四、滞后系统的稳定性分析

在实际系统中,通常都存在滞后环节。图 8-42 表示钢板滚轧机厚度控制系统。在这个系统中,测量厚度要经过一定时间间隔以后才对滚轧厚度作出响应。设滚轧厚度为 $x(t)$,则测量厚度 $y(t) = x(t - \tau)$。经拉氏变换后得

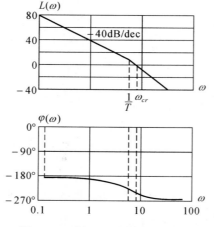

图 8-41 例 8-10 的开环波德图

$Y(S) = X(S)e^{-\tau S}$。测量厚度与滚轧厚度之间的传递函数为 $e^{-\tau S}$。若滚轧轮与测量头之间的距离为 L,钢板传递速度为 υ,则滞后时间 $\tau = L/\upsilon$,当 τ 值不能忽略时,这种系统便成为滞后系统。不论滞后环节是处在向前通道还是处在反馈通道,滞后环节的存在都将使系统趋于不稳定。滞后系统的特征方程是超越方程,用时间响应分析法分析这种系统的稳定性比较困难。利用频率响应分析法则比较方便。

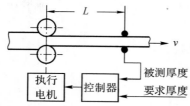

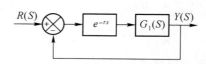

图 8-42 钢板滚轧机厚度控制系统　　　图 8-43 具有滞后环节的系统

图 8-43 表示具有滞后环节的系统方块图。它的开环频率特性的幅值和相位分别为:

$$|G(j\omega)H(j\omega)| = |G_1(j\omega)|$$
$$\angle G(j\omega)H(j\omega) = \angle G_1(j\omega) - \tau\omega$$

即滞后环节的存在,不影响开环频率特性的幅频特性,但使相频特性发生了变化。

设

$$G_1(S) = 1/S(S+1)$$

则

$$G(j\omega)H(j\omega) = \frac{e^{-j\tau\omega}}{j\omega(j\omega + 1)}$$

它的奈魁斯特图如图 8-44 所示。由图可见，$e^{-j\tau\omega}$ 的存在，使 $G_1(j\omega)$ 曲线的每一点以顺时针方向旋转 $\tau\omega$ 角度。随着 τ 的增大，系统的相对稳定性降低。当 τ 增大到一定数值时，开环频率特性的奈魁斯特曲线将包围 $(-1, j0)$ 点，于是系统便失去稳定。

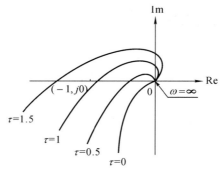

图 8-44 　$e^{-j\omega/j\omega(j\omega+1)}$ 的奈魁斯特图

图 8-45 表示一水位控制系统及其方块图。可知 τ 的大小决定于水流速度 v 和调节阀到出水管口间的距离 L。这一系统的开环传递函数为：

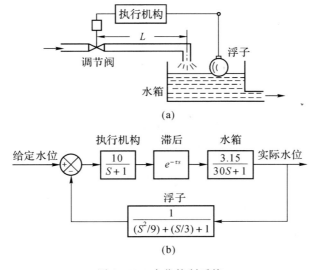

图 8-45 　水位控制系统

$$G(S)H(S) = \frac{31.5}{(S+1)(30S+1)\left[\left(\frac{S^2}{9}\right) + \left(\frac{S}{3}\right) + 1\right]}e^{-\tau S}$$

系统的开环频率特性波德图表示在图 8-46 中,图中表示了具有 $\tau = 1$ 时间滞后和无时间滞后的两条相频特性曲线。由图可见,增益交界频率 $\omega_{cr} = 0.8$,没有时间滞后时,相位裕量 $\gamma = 40°$。有时间滞后时 $\gamma = -3°$,系统不稳定。为使系统稳定,必须降低增益,以便保证合适的相位裕量。若要求 $\gamma = 30°$,则增益必须降低 5dB,即必须使 K 从原来的数值减小到 $K = 31.5/1.78 = 17.7$。

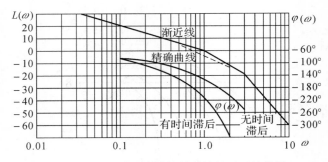

图 8-46   图 8-45 水位控制系统的开环波德图

第五节   控制系统的相对稳定性

最小相位频率特性函数 $G(j\omega)H(j\omega)$ 的矢端轨迹通过复平面的 $(-1, j0)$ 点时,系统将处于稳定的临界状态,即处于稳定的边缘。$G(j\omega)H(j\omega)$ 矢端轨迹离开 $(-1, j0)$ 点越远,对应的闭环系统的稳定程度就越高,越近则越低。稳定系统的稳定程度,称为系统的相对稳定性。

系统的相对稳定性,可以用相位裕量和幅值裕量表示。下面分别用奈魁斯特图(图 8-47(a)、(b))和波德图(图 8-47(c)、(d))来说明相位裕量和幅值裕量的概念。

一、相位裕量

相位裕量是指 $G(j\omega)H(j\omega)$ 矢端轨迹在 $[GH]$ 平面上和单位圆相交处的矢量 $G(j\omega_{cr})H(j\omega_{cr})$ 与负实轴的夹角 γ,如图 8-47(a)、(b)所示。由图知,相位裕量为

$$\gamma = \varphi(\omega_{cr}) + 180°$$

即

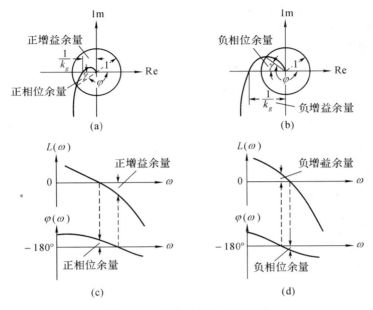

图 8-47　相位裕量和幅值裕量

$$\gamma = \angle G(j\omega_{cr})H(j\omega_{cr}) + 180° \tag{8-52}$$

图 8-47(a)、(c)表示的是正相位裕量($\gamma > 0$),而图(b)、(d)则表示负相位裕量($\gamma < 0$)。显然,要使系统稳定,必须具有正的相位裕量。相位裕量 γ 愈大,则系统稳定程度就愈高。为使系统有较好的动态特性,一般要求 $30° < \gamma < 60°$。

二、幅值裕量

幅值裕量是指在相位 $\angle G(j\omega)H(j\omega)$ 等于 $-180°$ 时幅值 $|G(j\omega_{c\varphi})H(j\omega_{c\varphi})|$ 的倒数。即幅值裕量 k_g 为

$$k_g = \frac{1}{|G(j\omega_{c\varphi})H(j\omega_{c\varphi})|} \tag{8-53}$$

方程(8-53)表明,所谓幅值裕量,就是要使相位 $\angle G(j\omega)H(j\omega)$ 等于 $-180°$ 时的幅值 $|G(j\omega_{c\varphi})H(j\omega_{c\varphi})|$ 达到 1 时,需要放大的倍数。

$k_g > 1$ 为正幅值裕量,如图 8-47(a)所示,而 $k_g < 1$ 为负幅值裕量,如图 8-47(b)所示。

若用分贝数表示幅值裕量,则有

$$20\lg k_g = -20\lg |G(j\omega_{c\varphi})H(j\omega_{c\varphi})| \tag{8-54}$$

可见当 $20\lg|G(j\omega_{cp})H(j\omega_{cp})|$ 为负值时,幅值裕量为正,如图 8-47(c) 所示;反之,幅值裕量为负,如图(d)所示。

要使系统稳定,幅值裕量必须为正。一般要求 $20\lg k_g > 6$ 分贝。

【例 8-11】 已知系统的开环传递函数为

$$G(S)H(S) = \frac{20}{S(0.5S+1)}$$

试计算其相位裕量和幅值裕量。

解:相位裕量计算如下。由

$$20\lg|G(j\omega)H(j\omega)| = 0$$

求增益交界频率 ω_{cr}:

$$20\lg 20 - 20\lg\omega_{cr} - 20\lg\sqrt{(0.5\omega_{cr})^2+1} = 0$$

解这一方程式得:

$$\omega_{cr} = 6.168 \approx 6.2(1/s)$$

将 ω_{cr} 代入 $\angle G(j\omega)H(j\omega)$ 得

$$\angle G(j\omega_{cr})H(j\omega_{cr}) = -90° - \text{arctg}(0.5 \times 6.2) = -162°$$

故相位裕量为

$$\gamma = -162° + 180° = 18°$$

又因相位交界频率 $\omega_{cp} = \infty$,故幅值裕量为

$$20\lg k_g = \infty\text{dB}$$

一般说,只考虑相位裕量或幅值裕量,不能保证系统的相对稳定性。例如,当开环传递函数

$$G(S)H(S) = \frac{\omega_n^2}{S(S^2+2\zeta\omega_n S+\omega_n^2)}$$

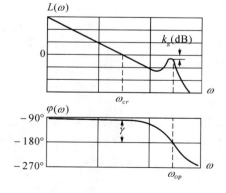

图 8-48 系统的相位裕量和幅值裕量

的阻尼比 ζ 很小时,其开环频率特性的波德图如图 8-48 所示。由图可见,这一系统的相位裕量很大,接近 90°,但幅值裕量却很小。若只考虑相位裕量,则会认为该系统具有很好的相对稳定性。这是不正确的。

第六节　　系统的闭环频率特性

利用开环频率特性可以分析系统的稳定性、快速性以及稳态精度等,但要全面评价系统的性能,还要知道系统的闭环频率特性。系统的闭环频率特性可以由开环奈奎斯特图通过等幅值轨迹和等相位轨迹或由开环波德图通过尼柯尔斯图线求得。本节介绍由开环奈奎斯特图求取闭环频率特性的方法。

一、等幅值轨迹(等 M 圆)

对于图 8-49 所示的单位反馈系统,其开环频率特性为

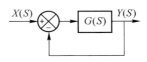

图 8-49　单位反馈系统方块图

$$G(j\omega)H(j\omega) = G(j\omega)$$

故其闭环频率特性函数为

$$\Phi(j\omega) = \frac{G(j\omega)}{1 + G(j\omega)} \tag{8-55}$$

将复数 $G(j\omega)$ 和 $\Phi(j\omega)$ 写成

$$G(j\omega) = R + jI \tag{8-56}$$

$$\Phi(j\omega) = Me^{j\alpha} \tag{8-57}$$

式中,R、I 分别为 $G(j\omega)$ 的实部和虚部,M、α 分别为 $\Phi(j\omega)$ 的幅值和相位。由式(8-55),(8-56) 和(8-57) 知

$$M = \frac{|R + jI|}{|1 + R + jI|}$$

$$M^2 = \frac{R^2 + I^2}{(1 + R)^2 + I^2} \tag{8-58}$$

当 $M = 1$ 时,式(8-58)成为

$$R = -\frac{1}{2} \tag{8-59}$$

即当 $M = 1$ 时,方程(8-59)表示一条离虚轴距离为 $-1/2$,且平行于虚轴的

直线。

当 $M \neq 1$ 时,可将方程(8-58)写成

$$R^2 + \frac{2M^2}{M^2-1}R + \frac{M^2}{M^2-1} + I^2 = 0 \qquad (8\text{-}60)$$

对式(8-60)两边同时加上 $M^2/(M^2-1)^2$ 后得

$$(R + \frac{M^2}{M^2-1})^2 + I^2 = (\frac{M}{M^2-1})^2 \qquad (8\text{-}61)$$

显然,当 M 一定时,方式(8-61)表示的是以点 $(-\frac{M^2}{M^2-1}, 0)$ 为圆心,以

$(\frac{M}{M^2-1})$ 为半径的圆。

方程式(8-59)和(8-61)描述了系统闭环频率特性的幅值与开环频率特性的实部、虚部之间的关系。对应于一个给定的 M 值,就可以利用式(8-61)画出一个圆。以 M 为参变数可作出一簇圆。故利用式(8-59)和(8-61)可作出等幅值轨迹即等 M 圆,如图 8-50 所示。

由图可见,等幅值轨迹具有如下特征:

1. 当 $M = 1$ 时,等幅值轨迹是一条通过 $(-\frac{1}{2}, 0)$ 点,且平行于虚轴的直线;

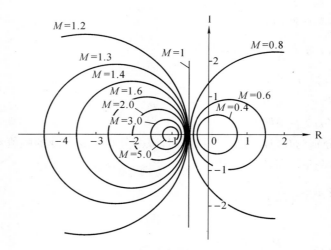

图 8-50　系统闭环频率特性的等幅值轨迹

2. 当 $M > 1$ 时,M 圆的圆心位于直线 $R = -\frac{1}{2}$ 的左边。随着 M 值增大,圆心靠近 $(-1, 0)$ 点,半径变小,并且最后收敛于 $(-1, 0)$ 点。

3. 当 $M < 1$ 时,M 圆的圆心位于直线 $R = -\dfrac{1}{2}$ 的右侧。随着 M 值的减小,圆心靠近坐标原点,半径变小,并最终收敛于原点。

4. M 圆既对称于直线 $R = -\dfrac{1}{2}$,也对称于实轴。

二、等相位轨迹(等 N 圆)

由方程(8-55),(8-56)和(8-57)可求得系统闭环频率特性 $\Phi(j\omega)$ 的相位

$$\alpha = \angle\left(\frac{R + jI}{1 + R + jI}\right)$$

$$= \operatorname{arctg}\left(\frac{I}{R}\right) - \operatorname{arctg}\left(\frac{I}{1 + R}\right)$$

设 $\operatorname{tg}\alpha = N$,则

$$N = \operatorname{tg}\left[\operatorname{arctg}\left(\frac{I}{R}\right) - \operatorname{arctg}\left(\frac{I}{1 + R}\right)\right]$$

$$= \frac{\dfrac{I}{R} - \dfrac{I}{(1 + R)}}{1 + \left(\dfrac{I}{R}\right) \cdot \dfrac{I}{(1 + R)}} = \frac{I}{R^2 + R + I^2}$$

上式可以写成

$$R^2 + R + I^2 - \frac{I}{N} = 0 \tag{8-62}$$

对式(8-62)两边加上 $\left(\dfrac{1}{4} + \dfrac{1}{(2N)^2}\right)$ 后得

$$\left(R + \frac{1}{2}\right)^2 + \left(I - \frac{1}{2N}\right)^2 = \frac{1}{4} + \frac{1}{(2N)^2} \tag{8-63}$$

很明显,当 N 一定时,方程(8-63)是以点 $\left(-\dfrac{1}{2}, \dfrac{1}{2N}\right)$ 为圆心,以

$\sqrt{\left(\dfrac{1}{4}\right) + \left(\dfrac{1}{4N^2}\right)}$ 为半径的圆的方程。它描述了系统闭环频率特性的相位与开环频率特性的实部、虚部之间的关系。对应于一个给定的 N 值,可以利用式(8-63)作出一个圆,以 N 为参变数,可以画出如图 8-51 所示的等相位轨迹(等 N 圆)。由图可见,等相位轨迹具有如下特性:

1. 不论 N 值大小,等 N 圆总是通过 $(0,0)$ 和点 $(-1,0)$。这是因为对于 $R = 0,I = 0$ 和 $R = -1,I = 0$,方程(8-63)总是成立的;

2. 表示某一 α 角的 N 圆或者是实轴上半部的一段,或者是实轴下半部的

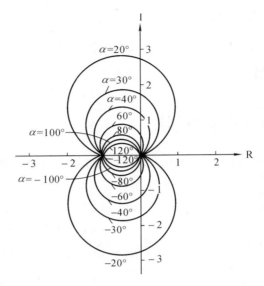

图 8-51　系统闭环频率特性的等相位轨迹

一段,而不是整个圆。因为 $\mathrm{tg}\alpha = \mathrm{tg}(\alpha \pm K \cdot 180°)$,$K = 1,2,\cdots$。即 α 和 $\alpha \pm \cdot 180°$ 角的 N 值是相等的。所以若 N 圆的一段表示 α 角,则另一段就表示 $\alpha \pm K \cdot 180°$ 角。

三、由开环奈魁斯特图求系统的闭环频率特性

利用等幅值轨迹和等相位轨迹由开环频率特性的奈魁斯特图作闭环频率特性的幅频特性曲线和相频特性曲线,可按如下步骤进行:

1: 预先绘制好等幅值轨迹和等相位轨迹两张图形;

2. 在透明纸上,以和等幅值轨迹、等相位轨迹坐标轴相同的比例尺,绘制系统开环频率特性的奈魁斯特图;

3. 将奈魁斯特图重叠在等 M 圆上,使两张图形的坐标轴相重,则奈魁斯特曲线与等 M 圆各个相交点上的 M 值,就是与该交点相应的频率下的闭环频率特性的幅值。以幅值为纵坐标,以频率为横坐标,画出各频率时的幅值即得到闭环频率特性的幅频特性曲线;

4. 参照第 3 步的方法,将奈魁斯特图重叠在等 N 圆上,可作出闭环频率特性的相频特性曲线。

图 8-52(a) 和(b) 分别为重叠在等 M 圆和等 N 圆上的开环频率特性的奈魁斯特图。根据这两张图中各交点处的频率 ω 和 M、α 的数值,可以作出图

8-53 所示的闭环频率特性曲线。

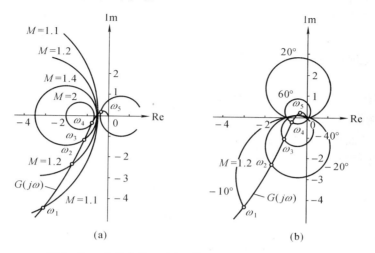

图 8-52　重叠在等 M 圆和等 N 圆上的奈奎斯特曲线

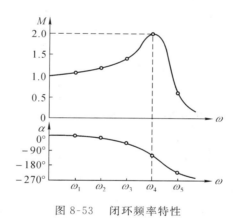

图 8-53　闭环频率特性

　　显然，与奈奎斯特曲线相切的那个圆的 M 值，和切点处的频率 ω 就是谐振峰值 M_r 和谐振频率 ω_r。由图 8-52(a) 可见，该系统的 $M_r = 2$，$\omega_r = \omega_4$。

第七节　频率响应与时间响应性能指标的关系

　　在时间响应分析中，曾用时间响应的性能指标来分析评价系统的动态特性和稳态误差。在频率响应分析中，则要用到频域性能指标。频率响应分析法比较简便但不及时间响应分析法直观。另外，对系统设计也往往给出时域性能指标。因此,有必要讨论频域性能指标和时域性能指标之间的关系。
本节主要介绍系统的频域性能指标及其与时域性能指标的关系。

一、频域性能指标及其与时域性能指标的关系

用闭环频率特性分析、设计系统时,常采用如下的频域性能指标,即:零
频值、谐振峰值、谐振频率、截止频率和频带宽等。这些性能指标表征着闭环
频率特性曲线(如图8-54所示的闭环幅频特性曲线)在形状和数值上的一些
特点,并在很大程度上反映着系统的品质。

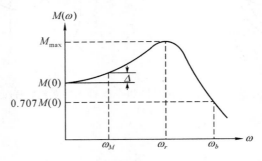

图 8-54　系统的闭环幅频特性

1.零频值 $M(0)$

零频值 $M(0)$ 表示在频率趋近于零时,系统稳态输出的幅值与输入的幅
值之比。

对于单位反馈系统,闭环频率特性 $\Phi(j\omega)$ 与开环频率特性 $G(j\omega)$ 有如下
关系

$$\Phi(j\omega) = \frac{G(j\omega)}{1 + G(j\omega)}$$

$$\Phi(j\omega) = \frac{K\dfrac{G_1(j\omega)}{(j\omega)^\nu}}{1 + K\dfrac{G_1(j\omega)}{(j\omega)^\nu}} \tag{8-64}$$

式中,K 为开环增益;ν 为开环传递函数中积分环节的数目;$G_1(j\omega)$ 为开环频
率特性的组成部分,其增益为1,且不包含积分环节。

由方程式(8-64)知,当 $\nu \geqslant 1$ 时

$$M(0) = |\Phi(j\omega)| = 1$$

当 $\nu = 0$ 时

$$M(0) = |\Phi(j0)| = \frac{K}{1 + K} < 1$$

显然，$M(0)$ 值反映着系统的稳态误差。$M(0)$ 值越接近于 1，系统的稳态误差就越小。

2. 复现带宽与复现精度

若给定 Δ 为系统复现低频输入信号的允许误差，而系统复现低频输入信号的误差不超过 Δ 时的最高频率为 ω_M，则称 ω_M 为复现频率，$0 \sim \omega_M$ 为复现带宽。若根据 Δ 所确定的 ω_M 越高，则系统以规定精度复现输入信号的频带就越宽。若根据给定的 ω_M 所确定的误差 Δ 越小，则系统复现低频输入信号的精度就越高。

$M(0)$，ω_M 与 Δ 的数值决定于系统闭环幅频特性低频段的形状，所以闭环幅频特性在这一频段的形状表征着系统的稳态性能。

3. 相对谐振峰值 M_r 与谐振频率 ω_r

相对谐振峰值 M_r 定义为谐振峰值 M_{max} 与零频值 $M(0)$ 之比，即

$$M_r = \frac{M_{max}}{M(0)}$$

当 $M(0) = 1$ 时，相对谐振峰值 M_r 与谐振峰值 M_{max} 在数值上是相等的。

对于二阶系统，最大超调量 M_p 和相对谐振峰值 M_r 是密切相关的。因为

$$M_p = e^{-(\zeta\pi/\sqrt{1-\zeta^2})}$$

而当 $0 \leqslant \zeta \leqslant 0.707$ 时

$$M_r = \frac{1}{2\zeta\sqrt{1-\zeta^2}}$$

即 M_p 和 M_r 都由阻尼比 ζ 唯一地确定。它们之间的关系如图 8-55 所示。

谐振峰值大说明系统对某个频率的正弦输入信号反应强烈，有谐振的倾向，系统的平稳性较差，其阶跃响应将有较大的超调。

在二阶系统中，一般取 $M_r < 1.4$，这时阶跃响应的最大超调量 $M_p < 0.25$。

出现谐振峰值时的频率称为谐振频率。对于二阶系统，曾经求得谐振频率 ω_r 与无阻尼自然频率 ω_n 及阻尼比 ζ 的关系为

$$\omega_r = \omega_n\sqrt{1-2\zeta^2} \qquad (8\text{-}65)$$

峰值时间 t_p 和调整时间 t_S 与 ω_n 和 ζ 的关系分别为

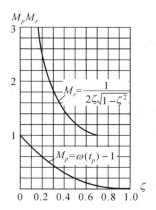

图 8-55　二阶系统的 M_p、M_r 与 ζ 的关系

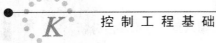

$$t_p = \frac{\pi}{\omega_n \sqrt{1 - \zeta^2}} \qquad\qquad (8\text{-}66)$$

和

$$t_S = \frac{1}{\zeta\omega_n} \ln \frac{1}{\Delta \sqrt{1 - \zeta^2}} \qquad\qquad (8\text{-}67)$$

式中 $\Delta = 2\%$ 或 5%。从式(8-65),(8-66)和(8-67)可得:

$$t_p = \frac{\pi}{\omega_r} \sqrt{\frac{1 - 2\zeta^2}{1 - \zeta^2}} \qquad\qquad (8\text{-}68)$$

和

$$t_S = \frac{1}{\omega_r \zeta} \sqrt{1 - 2\zeta^2} \ln \frac{1}{\Delta \sqrt{1 - \zeta^2}} \qquad\qquad (8\text{-}69)$$

方程(8-68)和(8-69)表明,系统的谐振频率 ω_r 越高,它的响应速度就越快。

4. 截止频率 ω_b 与带宽 $0 \sim \omega_b$

截止频率 ω_b 是指闭环频率特性的幅值 $M(\omega)$ 下降到其零频值 $M(0)$ 的 70.7% 时的频率。对于 $M(0) = 1$ 的系统,其对数幅值为负3分贝时的频率就是截止频率。而频率范围 $0 \sim \omega_b$ 称为带宽。

对于二阶系统,截止频率 ω_b 与无阻尼自然频率 ω_n 和阻尼比 ζ 有一定的关系。将 $M(\omega_b) = 0.707$ 代入二阶系统

$$\Phi(S) = \frac{\omega_n^2}{S^2 + 2\zeta\omega_n S + \omega_n^2}$$

的幅频特性

$$M(\omega) = \frac{\omega_n^2}{\sqrt{(\omega_n^2 - \omega^2)^2 + (2\zeta\omega_n\omega)^2}}$$

中,可求得这一关系为

$$\omega_b = \omega_n \sqrt{1 - 2\zeta^2 + \sqrt{2 - 4\zeta^2 + 4\zeta^4}} \qquad\qquad (8\text{-}70)$$

单位反馈二阶系统的开环增益交界频率 ω_{cr} 和闭环截止频率 ω_b 也有一定的关系。

令开环频率特性

$$G(j\omega) = \frac{\omega_n^2}{j\omega(j\omega + 2\zeta\omega_n)}$$

的幅值等于1,则由

$$\frac{\omega_n^2}{\omega_{cr} \sqrt{\omega_{cr}^2 + (2\zeta\omega_n)^2}} = 1$$

解得

$$\omega_{cr} = \omega_n \sqrt{-2\zeta^2 + \sqrt{4\zeta^4 + 1}} \qquad\qquad (8\text{-}71)$$

由式(8-70)和(8-71)知,单位反馈二阶系统的 ω_b、ω_{cr} 都与 ζ 有关。当 ζ = 0.4 时,ω_b = 1.6ω_{cr},当 ζ = 0.07 时,ω_b = 1.55ω_{cr}。在 ζ 的通常取值范围内,即 $0.40 \leqslant \zeta \leqslant 0.707$ 时,ω_b 与 ω_{cr} 的比值关系可取为

$$\omega_b = 1.6\omega_{cr} \tag{8-72}$$

也就是说开环频率特性有高的增益交界频率时,闭环频率特性就具有高的截止频率。

当输入信号的频率高于截止频率时,输出急剧衰减,形成系统响应的截止状态。因此,截止频率或频带宽反映系统的滤波特性,以及系统响应的快速性。高的截止频率意味着系统能通过高频输入信号,即系统响应快,但对高频噪声却不能抑制。

高阶系统频率响应与时间响应性能指标之间,不像二阶系统那样存在着确定的关系,这给高阶系统进行频率响应分析和设计带来一定的困难。但是高阶系统一般都是设计成具有一对共轭复数闭环主导极点的,对于这样的系统,上面讨论的二阶系统频域性能指标和时域性能指标之间的关系,仍具有一定的指导意义。

二、开环对数频率特性与时域性能指标的关系

在研究系统开环波德图与时域性能指标之间的关系时,通常将它划分成低频段、中频段和高频段三个频段。如图 8-56 所示。

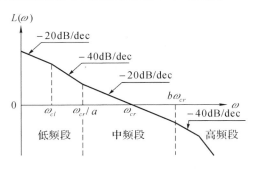

图 8-56　开环波德图的三频段

1. 低频段

低频段一般指频率低于开环波德图第一个转角频率 ω_{c1} 的频段。或者说频率低于中频段的频率范围。

频率特性的低频段主要影响时间响应的结尾段。开环波德图低频渐近线的斜率反映系统的型别,而它的高度则反映系统的开环增益。故低频渐近

线的斜率和高度决定着系统的稳态精度。

2. 中频段

中频段是指开环波德图增益交界频率 ω_{cr} 附近的频段。即 ω_{cr} 前、后转角频率之间的频率范围。中频段的特征量有增益交界频率 ω_{cr}、相位裕量 γ、对数幅频曲线的斜率以及中频宽 h，即与 ω_{cr} 相邻的两个转折频率 $b\omega_{cr}$ 与 ω_{cr}/a 的比值 ab。

在工程设计中，一般闭环频率特性的谐振频率 ω_r 和截止频率 ω_b 都处在这一频段中。谐振峰值的大小决定着时间响应振荡的强弱，而闭环截止频率的高低决定着时间响应的快慢。因此，频率特性中频段的形状主要影响时间响应的中间段，它决定着时间响应的动态指标。

对于最小相位开环传递函数，其对数幅频特性曲线和对数相频特性曲线之间有着确定性的关系，要保证有 $30° \sim 60°$ 的相位裕量，则对数幅频特性曲线在 ω_{cr} 处的斜率要大于 -40dB/dec，为保证得到足够的相位裕量，一般要求对数幅频曲线在 ω_{cr} 附近的斜率为 -20dB/dec。当斜率为 -40dB/dec 时，系统可能不稳定。当斜率为 -60dB/dec 或对数幅频曲线更陡时，系统肯定不稳定。上述结论可以从波德定理推出（此处从略）

图 8-57 是典型三阶系统的开环波德图。由图可见，在增益交界频率 ω_{cr} 附近，对数幅频特性曲线具有 -20dB/dec 的斜率。现在讨论中频宽 h 以及 ω_{cr} 在中频段中的位置和相位裕量 γ 的关系。

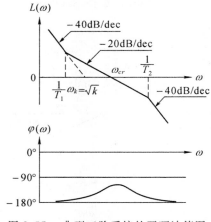

图 8-57　典型三阶系统的开环波德图

根据图示波德图可写出其开环传递函数为

$$G(S) = \frac{K(T_1 S + 1)}{S^2(T_2 S + 1)}$$

系统的相位裕量为

$$\gamma = \operatorname{arctg} T_1 \omega_{cr} - \operatorname{arctg} T_2 \omega_{cr}$$

令

$$\frac{1}{T_1} = \omega_1, \quad \frac{1}{T_2} = \omega_2, \quad h = \frac{\omega_2}{\omega_1}$$

则相位裕量为

$$\gamma = \operatorname{arctg} \frac{\omega_{cr}}{\omega_1} - \operatorname{arctg} \frac{\omega_{cr}}{h\omega_1} \tag{8-73}$$

将方程(8-73)两边对$(\frac{\omega_{cr}}{\omega_1})$求导并令其等于零得

$$\frac{d\gamma}{d(\frac{\omega_{cr}}{\omega_1})} = \frac{1}{1 + (\frac{\omega_{cr}}{\omega_1})^2} - \frac{\frac{1}{h}}{1 + (\frac{\omega_{cr}}{h\omega_1})^2} = 0$$

解这一方程得

$$h = (\frac{\omega_{cr}}{\omega_1})^2 \tag{8-74}$$

即

$$\omega_{cr} = \sqrt{\omega_1 \omega_2} \tag{8-75}$$

又将式(8-74)代入方程(8-73)可得系统的最大相位裕量为

$$\gamma_{\max} = \operatorname{arctg} \sqrt{h} - \operatorname{arctg} \frac{1}{\sqrt{h}} = \operatorname{arctg} \frac{h-1}{2\sqrt{h}}$$

即

$$\gamma_{\max} = \arcsin \frac{h-1}{h+1} \tag{8-76}$$

方程(8-75)和(8-76)表明,调节开环增益 K,使幅值穿越频率 ω_{cr} 位于 ω_1 和 ω_2 的几何中点时,系统具有最大的相位裕量。并且,中频宽越大,相位裕量的最大值也越大。这一结论也近似适用于对数幅频特性中频段的形状和图 8-57 类似的系统。

对于单位反馈二阶系统,其相位裕量 γ 和阻尼比 ζ 之间具有确定的关系。将方程(8-71)代入它的开环相频特性中,可得在增益交界频率 ω_{cr} 处的相位为

$$\varphi(\omega_{cr}) = -90° - \operatorname{arctg} \frac{\omega_{cr}}{2\zeta\omega_n}$$

$$= -90° - \operatorname{arctg} \frac{\sqrt{-2\zeta^2 + \sqrt{4\zeta^4 + 1}}}{2\zeta}$$

于是系统的相位裕量为

$$\gamma = 180° + \varphi(\omega_{cr}) = \mathrm{arctg} \frac{2\zeta}{\sqrt{-\zeta^2 + \sqrt{4\zeta^4 + 1}}} \qquad (8\text{-}77)$$

将方程(8-77)和百分比超调与阻尼比的关系绘成如图 8-58 所示的曲线,则可清楚地看到,随着相位裕量增大,百分比超调减小,因而系统的时间响应平稳。

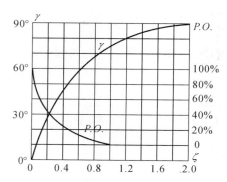

图 8-58   单位反馈二阶系统的 γ、$P.O.$ 与 ζ 的关系曲线

从以上分析知,为了使系统具有良好的动态性能,开环幅频特性的中频段要有足够的宽度,一般可取 $h \geqslant 4$;对数幅频曲线的斜率为 $-20\mathrm{dB/dec}$;增益交界频率 ω_{cr} 位于两个相邻转角频率的几何中点。

3. 高频段

高频段是指频率高于中频段的频率范围。由于高频段远离增益交界频率 ω_{cr},它对系统的相位裕量影响很小,所以对系统的动态响应影响不大。开环频率特性的高频段一般均呈现剧烈的衰减特性,其衰减的剧烈程度,反映着系统对输入端高频干扰信号的抑制能力,衰减愈剧烈,抑制能力就愈强。

习   题

8-1   已知某单位反馈系统的开环传递函数为

$$G(S)H(S) = \frac{1}{S+1}$$

试求该系统在正弦输入信号 $x(t) = \sin 2t$ 作用下的稳态输出。

8-2   已知图 P8-2 所示的滤波器在输入电压 $u_1 = 100\sin 50t$ 作用下,其稳态输出 u_2 的幅值为 70.7。试求:

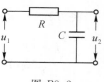

图 P8-2

（1）稳态输出对输入的相位移；（2）若 $R=1$，求 C 值。

8-3　已知系统的开环传递函数分别为

（a）　$G(S)H(S) = \dfrac{5}{30S+1}$

（b）　$G(S)H(S) = \dfrac{2}{S(0.1S+1)}$

试求出它们的开环幅频特性 $A(\omega)$，相频特性 $\varphi(\omega)$，实频特性 $R(\omega)$ 和虚频特性 $I(\omega)$。

8-4　以作用在图 P8-4 所示的 LRC 四端网络的电压 u 为输入，通过电阻 R 上的电荷 q 为输出，试求该网络的频率特性函数以及幅频特性和相频特性。

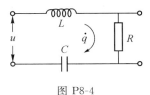

图 P8-4

8-5　已知系统的开环传递函数分别为

（a）　$G(S)H(S) = \dfrac{1}{0.01S+1}$

（b）　$G(S)H(S) = \dfrac{1}{S(0.1S+1)}$

（c）　$G(S)H(S) = \dfrac{1}{0.01S^2+0.1S+1}$

（d）　$G(S)H(S) = \dfrac{1}{(2S+1)(0.5S+1)}$

试画出它们的开环幅相频率特性图。

8-6　已知下列开环传递函数

（a）　$G(S)H(S) = \dfrac{\tau S+1}{TS+1}$

（b）　$G(S)H(S) = \dfrac{\tau S-1}{TS+1}$

（c）　$G(S)H(S) = \dfrac{1-\tau S}{TS+1}$

试在（1）$\tau>T>0$ 和（2）$T>\tau>0$ 两种条件下，画出它们的奈奎斯特图和波德图。

8-7　已知系统的开环频率特性分别为

（a）　$G(j\omega)H(j\omega) = \dfrac{5}{(j2\omega+1)(j\omega)^2+j3\omega+25)}$

（b）　$G(j\omega)H(j\omega) = \dfrac{10}{j\omega(j0.5\omega+1)+(j0.1\omega+1)}$

(c) $G(j\omega)H(j\omega)=\dfrac{5(j0.1\omega+1)}{j\omega(j0.5\omega+1)[(\frac{j\omega}{50})^2+j0.6(\frac{\omega}{50})+1]}$

试画出它们的开环波德图。

8-8 已知系统的开环频率特性函数为

$$G(j\omega)H(j\omega)=\dfrac{10}{(j\omega)^2(j0.15\omega+1)}$$

试利用奈魁斯特图分析其稳定性。

8-9 已知系统的方块图如图 P8-9 所示。

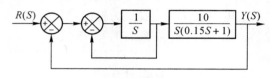

图 P8-9

试利用奈魁斯特图判别其稳定性。

8-10 已知两个系统的开环传递函数分别为

(a) $G(S)H(S)=\dfrac{K}{S(0.1S+1)(0.01S+1)}$

(b) $G(S)H(S)=\dfrac{K(0.2S+1)}{S^2(0.01S+1)}$

试利用开环波德图分析它们的稳定性,并确定使系统稳定的 K 的取值范围。

8-11 已知系统的开环传递函数为

$$G(S)H(S)=\dfrac{K}{S+1}e^{0.8S}$$

试确定使系统稳定的 K 的临界值。

8-12 已知系统的特征方程式为

$$S^3+5KS^2+(2K+3)S+10=0$$

试用奈魁斯特判据确定使系统稳定时的 K 值。

8-13 已知系统开环传递函数为

$$G(S)H(S)=\dfrac{K}{S(S+1)(S+5)}$$

试分别确定当 $K=10$ 和 $K=100$ 时的相位裕量和幅值裕量。并说明 $L(\omega)$ 在 ω_{cr} 附近的斜率对系统稳定性的影响。

8-14 已知某最小相位开环频率特性的波德图如图 P8-14 所示。其中 $\omega_k=\sqrt{0.08}(1/s)$, $\omega_{c2}=0.8(1/s)$。试求:(1)系统的开环传递函数;(2)幅值穿越频率 ω_{cr};(3)相位裕量 γ。

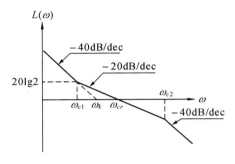

图 $P8\text{-}14$

8-15　已知系统的方块图如图 $P8\text{-}15$ 所示。试分析在 $(a) K > \dfrac{1}{T}$；$(b) K = \dfrac{1}{T}$；$(c) K < \dfrac{1}{T}$ 三种情况下，$L(\omega)$ 在 ω_{cr} 附近的斜率、阻尼比、相位裕量以及单位阶跃响应的特点。

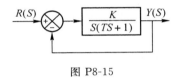

图 P8-15

第九章　控制系统的校正

第一节　引　言

在前面有关章节中,对已知结构和参数的系统通过所建立的数学模型,利用时间响应、根轨迹以及频率响应等方法进行了瞬态和稳态特性的分析。本章则主要讨论系统设计或综合的有关问题。

所谓系统的设计或综合,就是根据给定的性能指标确定系统的结构和参数匹配。

系统的性能指标包括稳态指标和瞬态指标。稳态指标主要指稳态精度,通常由位置误差系数、速度误差系数和加速度误差系数来表征。瞬态指标可以用时域指标表示或用频域指标表示。时域瞬态指标通常用阶跃响应的特征量表示,它包括上升时间、峰值时间、最大超调量(或百分比超调)、调整时间和振荡次数等。开环频域指标通常用幅值穿越频率、相位裕量和幅值裕量表示。闭环频域指标常用相对谐振峰值和截止频率等表示。

系统的设计有时要经历全过程,即根据对受控对象的控制要求确定系统的组成结构,设计或选择元、部件和确定它们的参数等。但是,在许多情况下,受控对象、执行元件、功率放大器以及测量反馈元件等都有现成的产品,它们的参数都是事先确定的,它们都有自己的静态和动态特性。选用这样的元、部件组成系统后,除了可以适当调整放大系数外,其他参数是不能变动的。而用这些固定参数的元、部件组成的系统,单靠调整放大系数一般是很难全面满足性能指标的。

图 9-1 中曲线①表示由现成的元、部件构成的某系统的开环频率特性的奈魁斯特曲线。经分析,其稳态误差过大,为提高系统的稳态精度提高了开环增益。这时系统的开环奈魁斯特曲线如图中曲线②所示。由图可见,提高了开环增益,却破坏了系统的稳定性。

显然,为了使系统能全面满足性能指标的要求,必须增加附加环节,以便使系统具有曲线③所示的奈魁斯特曲线。这种局部的综合工作一般称为系统的校正。增加的附加环节称为校正环节。

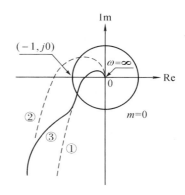

图 9-1　校正环节对开环奈魁斯特曲线的影响

控制系统的校正可以采用根轨迹法或者频率响应法。如果给定的性能指标是时域指标,则采用根轨迹法。若给定的是频域指标,则采用频率响应法。

利用根轨迹法对控制系统进行串联校正的实质是通过引入校正环节,增加附加开环零点、极点,改变根轨迹的走向,以重新配置闭环极点、零点在复平面上的位置。利用频率响应法校正系统,则通过引入校正环节,改变频率特性曲线的形状,使系统校正后的频率特性在低频段、中频段和高频段的特性符合要求。本章着重讨论用频率响应法对系统的校正。

控制系统的校正方式主要有串联校正和反馈校正两种。

第二节　串联校正

校正环节串接在控制系统向前通道上的这种校正方式称为串联校正。具有串联校正的控制系统的方块图如图 9-2 所示。图中 $G_c(S)$ 就是校正环节的传递函数,$G_0(S)$ 是原向前通道传递函数。为了减少功率损耗,串联校正环节一般安置在能量较低的部位上。当采用无源校正装置时,为了补偿信号通过校正装置时的幅值衰减,需要增设放大器以提高开环增益。

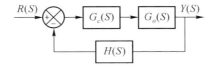

图 9-2　带串联校正的系统方块图

一、基本控制规律

利用串联校正装置可以实现多种控制规律以改善控制系统的性能。

1. 比例(P)控制规律

比例控制的方块图如图 9-3 所示。图中的校正装置为比例控制器。比例控制器的输出 $M(S)$ 与它的输入(通常是控制系统的偏差信号)$E(S)$ 成正比,即

$$M(S) = k_p E(S) \qquad\qquad (9\text{-}1)$$

式中 k_p 为可调的比例系数。

比例控制的校正作用可用图 9-4 来说明。由图可见,当引入 $k_p > 1$ 的比例控制后,提高了系统的开环增益,使系统的稳态误差减小。另外,由于提高了幅值穿越频率,因而提高了系统的快速性。但系统校正后相位裕量减小了,因而降低了系统的相对稳定性。可见单靠引入比例控制来校正系统,不能全面提高系统的性能。

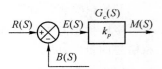

图 9-3 P 控制方块图

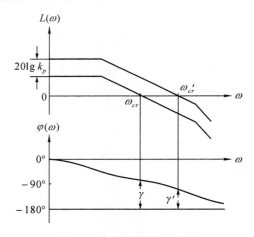

图 9-4 P 控制的校正作用

2. 积分(I) 控制规律

积分控制的方块图如图 9-5 所示,图中的校正装置为积分控制器。积分控制器的输出 $M(S)$ 与它的输入 $E(S)$ 的关系是

$$M(S) = \frac{k_i}{S} E(S) \qquad\qquad (9\text{-}2)$$

或

$$m(t) = k_i \int_0^t e(t)\,\mathrm{d}t \qquad (9\text{-}3)$$

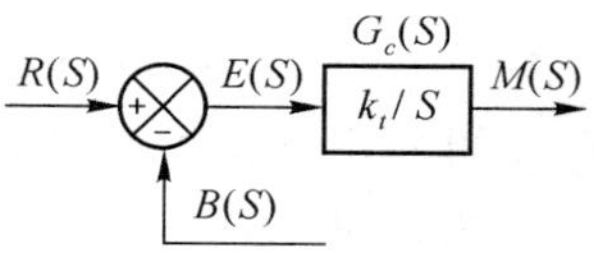

式(9-2)和(9-3)中，k_i 为可调的比例系数。式
(9-3)表明控制器输出信号 $m(t)$ 与输入信号 $e(t)$
的积分成正比。在控制系统中引入积分控制，即引
入一个零值开环极点，可以提高系统的型别，从而
可以消除或减小稳态误差，提高系统的稳态性能。

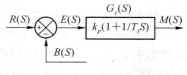

图 9-5 I 控制的方块图

例如开环传递函数为 $\dfrac{K_0}{(TS+1)}$ 的单位反馈系统

在单位阶跃信号作用下，其稳态误差为

$$\varepsilon_{SS} = \lim_{S \to 0} \frac{S}{1 + \left[\dfrac{K_0}{(TS+1)}\right]} \frac{1}{S} = \frac{1}{1+K_0}$$

当对这一系统引入积分控制时，其稳态误差为

$$\varepsilon_{SS} = \lim_{S \to 0} \frac{S}{1 + \left[\dfrac{K_0 k_i}{S(TS+1)}\right]} \cdot \frac{1}{S} = 0$$

如果系统开环传递函数中已有一个零值极点而又不含有限零点时，积

分控制会导致系统不稳定。例如当对具有开环传递函数为 $\dfrac{K_0}{S(TS+1)}$ 的单位

反馈系统引入积分控制时，系统的特征方程变为

$$TS^3 + S^2 + k_i K_0 = 0$$

显然，系统已经不稳定了。对于这种系统采用比例加积分控制，可以全
面提高系统的性能。

3. 比例加积分($P + I$)控制规律

图 9-6 是比例加积分控制的方块图，图
中的校正装置是比例加积分控制器。控制器
的输出 $M(S)$ 与它的输入 $E(S)$ 的关系是

$$M(S) = k_p\left(1 + \frac{1}{T_i S}\right) E(S) \quad (9\text{-}4)$$

图 9-6 $P + I$ 控制方块图

或

$$m(t) = k_p e(t) + \frac{k_p}{T_i} \int_0^t e(t)\,\mathrm{d}t \qquad (9\text{-}5)$$

式(9-4)和(9-5)中，k_p 是可调比例系数，T_i 是可调积分时间常数。式(9-5)
表明 $P + I$ 控制器的输出 $m(t)$ 成比例地反映偏差 $e(t)$ 和它的积分。调整 k_p
时，同时调节了比例和积分控制作用，而调整 T_i 时，则仅仅调节积分控制

作用。

由 $P+I$ 控制器的传递函数可求得它在 $k_p = 1$ 时的对数频率特性为

$$L(\omega) = 20\lg\sqrt{1 + T_i^2\omega^2} - 20\lg T_i\omega$$

$$\varphi(\omega) = \operatorname{arctg}T_i\omega - 90°$$

于是可画出波德图如图 9-7 所示。

由图可见,引入 $P+I$ 控制会使系统
的相位产生滞后。使系统在某频域里产
生相位滞后的校正称为相位滞后校正。
需要注意的是,相位滞后校正并不是利
用校正环节的相频特性,而是利用它的
幅频特性。

$P+I$ 控制对系统的校正作用可用
图 9-8 来说明。图中虚线表示开环传递函
数为

$$G(S)H(S)$$

$$= \frac{K}{(T_1S+1)(T_2S+1)}$$

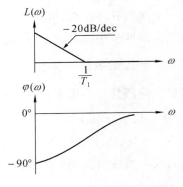

图 9-7 $P+I$ 控制器的波德图

的系统的波德图。当引入 $k_p = 1$,$T_i = T_1$ 的 $P+I$ 控制后,系统开环频率特
性的波德图如图中实线所示。由图可见,经校正后系统由 0 型提高到 I 型,故
稳态性能得到了改善,相位裕量却下降不多,因此相对稳定性不太受影响。

又前面提到的开环传递函数为

$$G(S)H(S) = \frac{K_0}{S(TS+1)}$$

的单位反馈系统引入 $P+I$ 控制后,系统的特征方程式变成

$$T_iTS^3 + T_iS^2 + k_pK_0T_iS + k_pK_0 = 0$$

因此可以通过选择合适的参数 k_p 和 T_i 来改善系统的动态和稳态性能。

引入 $P+I$ 控制相当于对系统引入一个零值开环极点或积分环节和一
个实数开环零点或一阶微分环节。零值开环极点或积分环节提高了系统的
型别,因此改善了系统的稳态性能。但是引入开环极点一般会使根轨迹向复
平面的右半边弯曲或移动,这相当于减小系统的阻尼。或者说,引入积分环
节会增加系统的相位滞后。因此零值极点或积分环节也将显著地降低系统
的相对稳定性。然而,引入开环零点一般能使根轨迹向复平面的左半边弯曲
或移动,这相当于增大系统的阻尼。或者说,引入一阶微分环节能给系统提
供一个超前的相位,因而减小了系统的相位滞后,改善了系统的相对稳定
性,增大了系统允许的开环增益。因此,对系统引入 $P+I$ 控制,可以在不怎

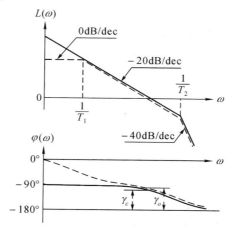

图 9-8　$P+I$ 控制的校正作用

么降低系统相对稳定性的情况下,提高系统的稳态性能。

4.比例加微分($P+D$)控制规律

图 9-9 表示 $P+D$ 控制的方块图,图中的校正装置为 $P+D$ 控制器。控制器的输出 $M(S)$ 与它的输入 $E(S)$ 的关系是

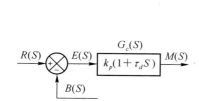

图 9-9　$P+D$ 控制的方块图

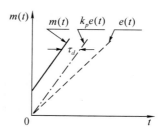

图 9-10　$P+D$ 控制的"预见"性

$$M(S) = k_p(1 + \tau_d S)E(S) \qquad (9\text{-}6)$$

或

$$m(t) = k_p e(t) + k_p \tau_d \frac{\mathrm{d}e(t)}{\mathrm{d}t} \qquad (9\text{-}7)$$

式(9-6)和(9-7)中,k_p 为可调比例系数,τ_d 为可调微分时间常数。式(9-7)表明 $P+D$ 控制器的输出成比例地反映偏差 $e(t)$ 及其变化率 $\dot{e}(t)$。

图 9-10 表示当 $P+D$ 控制器的输入 $e(t)$ 为斜坡函数时,控制器的输出 $m(t)$ 和时间的关系。由图可见,$P+D$ 控制器的输出相对比例控制器的输出超前一个时间间隔 τ_d。或者说,$P+D$ 控制相对比例控制具有一种"预见"性。

$P+D$ 控制的这种预见性,有助于改善系统的瞬态性能。图 9-11 是引入

$P+D$ 控制的系统方块图。这一系统在单位阶跃信号作用下的输出如图 9-12(a) 所示，而偏差信号 $k_p e(t)$ 则表示在图 9-12(b) 中。

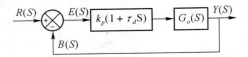

图 9-11 引入 $P+D$ 控制的系统方块图

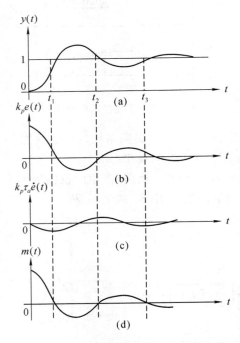

图 9-12 $P+D$ 控制对瞬态性能的改善

当选择适当的 τ_d 值，使 $k_p \tau_d e(t)$ 如图 9-12(c) 所示时，则可获得如图 9-12(d) 所示的控制作用 $m(t)$。

由图可见，在 $t = 0 \sim t_1$ 期间，控制作用 $m(t)$ 为正，使系统输出 $y(t)$ 随时间的增长而上升。在 $t = t_1$ 时，$y(t)$ 已接近其稳态值。为了避免由于系统的惯性产生过大的超调，这时负值的 $m(t)$ 对系统进行制动，使 $y(t)$ 的增长速度降低，从而减小超调量。同样，在 $t = t_2$ 后产生的正值控制作用 $m(t)$ 和 $t = t_3$ 后产生的负值控制作用 $m(t)$ 都对系统的输出进行了适时的控制。可见，$P+D$ 控制作用之所以能改善系统的性能，就在于它能反映偏差信号的变化率，并能在偏差变大之前就给出早期的控制作用。

由 $P+D$ 控制器的传递函数可求得它在 $k_p = 1$ 时的对数频率特性为

$$L(\omega) = 20\lg \sqrt{1+\tau_d^2\omega^2}$$

$$\varphi(\omega) = \mathrm{arctg}\tau_d\omega$$

于是可画出波德图如图 9-13 所示。

　　由图可见，引入 $P+D$ 控制能使系统产生相位超前。使系统在某领域里产生相位超前的校正称为相位超前校正。

　　$P+D$ 控制对系统的校正作用可用图 9-14 说明。图中虚线是开环传递函数为

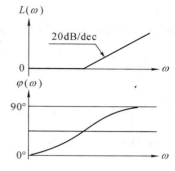

图 9-13　$P+D$ 控制器的波德图

$$G(S)H(S) = \frac{K}{S(T_1S+1)(T_2S+1)}$$

的系统的波德图。引入 $k_p=1$，$\tau_d=T_1$ 的 $P+D$ 控制后，系统的开环波德图如实线所示。

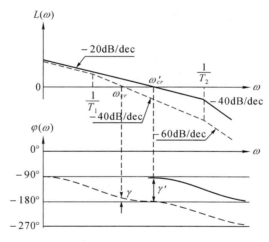

图 9-14　$P+D$ 控制的校正作用

　　图 9-14 表明，系统引入 $P+D$ 控制后，提高了幅值穿越频率，因而提高了系统的快速性，另外还增大了相位裕量，从而提高了系统的相对稳定性。

　　引入 $P+D$ 控制相当于系统引入一个开环零点或一阶微分环节，因此增大了系统的阻尼或者说给系统提供了一个超前的相位。它使中、高频段的增益加大，因而使幅值穿越频率增高。因此用 $P+D$ 控制校正后的系统，其相对稳定性和快速性都得到了提高。

　　5. 比例加积分加微分（$P+I+D$）控制规律

图 9-15 表示 $P+I+D$ 控制的方块图，图中的校正装置是 $P+I+D$ 控制器，控制器的输出 $M(S)$ 与输入 $E(S)$ 的关系是

$$M(S) = k_p (1 + \frac{1}{T_i S} + \tau_d S) E(S) \qquad (9\text{-}8)$$

或

$$m(t) = k_p e(t) + \frac{k_p}{T_i} \int_0^t e(t) \mathrm{d}t + k_p \tau_d \frac{\mathrm{d}e(t)}{\mathrm{d}t} \qquad (9\text{-}9)$$

式中，k_p 为可调比例系数，T_i 为可调积分时间常数，τ_d 为可调微分时间常数。

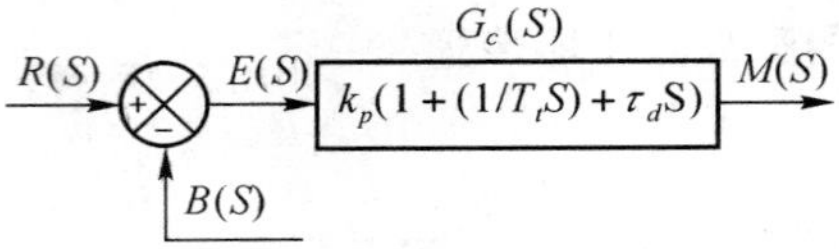

$$G_c(S)$$
$$R(S) \xrightarrow{\quad} \otimes \xrightarrow{E(S)} \boxed{k_p(1 + (1/T_iS) + \tau_d S)} \xrightarrow{M(S)}$$
$$B(S)$$

图 9-15　$P+I+D$ 控制的方块图

当 $k_p = 1$ 时 $P+I+D$ 控制器的对数频率特性为

$$L(\omega) = 20\lg \sqrt{(1 - T_i \tau_d \omega^2)^2 + (T_i \omega)^2} - 20\lg T_i \omega$$

$$\varphi(\omega) = \text{arct} \frac{T_i \omega}{1 - T_i \tau_d \omega^2} - 90°$$

设 $T_i > \tau_d$，即 $\frac{1}{T_i} < \frac{1}{\tau_d}$，则其对数幅值近似为：

当 $\omega < \frac{1}{T_i}$ 时，

$$L(\omega) = -20\lg T_i \omega$$

当 $\frac{1}{T_i} < \omega < \frac{1}{\tau_d}$ 时

$$L(\omega) = 0$$

当 $\omega > \frac{1}{\tau_d}$ 时

$$L(\omega) = 20\lg \tau_d \omega$$

其相位为：当 ω 趋于零时

$$\varphi(\omega) = -90°$$

当 $\omega = \frac{1}{\sqrt{T_i \tau_d}}$ 时

$$\varphi(\omega) = 0°$$

当 ω 趋于无穷大时

$$\varphi(\omega) = 90°$$

于是可画出 $P+I+D$ 控制器的波德图如图 9-16 所示。由图可见，引入 $P+I$

＋D 控制将使系统在低频段产生相位滞后,而在中频段产生相位超前。采用具有这种相频特性的校正环节对系统的校正称为相位滞后－超前校正。

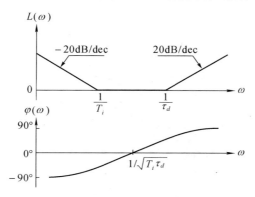

图 9-16　$P＋I＋D$ 控制器的波德图

图 9-16 表明,$P＋I＋D$ 控制在低频段主要起 $P＋I$ 控制,而在中频段则主要起 $P＋D$ 控制。因此 $P＋I＋D$ 控制既能改善系统的稳态性能,又能提高系统的相对稳定性和快速性。

二、相位超前校正

相位超前校正可由 $P＋D$ 控制器或 RC 相位超前网络来实现。

1. RC 相位超前网络

图 9-17 所示是一种 RC 相位超前网络。它的传递函数为

$$G_c(S) = \frac{1}{\alpha} \frac{\alpha TS + 1}{TS + 1} \qquad (9-10)$$

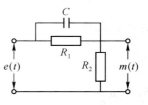

图 9-17　RC 相位超前网络

式中,

$$T = \frac{R_1 R_2}{R_1 + R_2} C, \quad \alpha = \frac{R_1 + R_2}{R_2} > 1$$

这一超前网络的对数频率特性为

$$L(\omega) = -20\lg\alpha + 20\lg\sqrt{1 + (\alpha T\omega)^2} - 20\lg\sqrt{1 + (T\omega)^2}$$
$$\varphi(\omega) = \operatorname{arctg}\alpha T\omega - \operatorname{arctg}T\omega \qquad (9-11)$$

或

$$\varphi(\omega) = \operatorname{arctg}\frac{T\omega(\alpha - 1)}{1 + \alpha T^2 \omega^2} \qquad (9-12)$$

于是可画出它的波德图如图 9-18 所示。图中曲线 ① 为这一网络的对数幅频特性曲线。由图 9-18 可见,这一网络的频率特性具有超前的相位,故称它为相位超前网络。

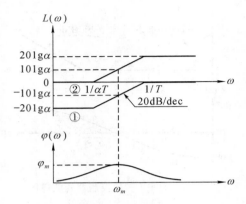

图 9-18 相位超前网络的波德图

图 9-18 表明,相位超前网络的相位,将在某一频率时出现最大值,这一最大相位称为最大超前角。下面计算出现最大超前角时的频率 ω_m 和最大超前角 φ_m 的大小。

将方程(9-12)写成

$$\tan\varphi = \frac{T\omega(\alpha-1)}{1+\alpha T^2\omega^2} \tag{9-13}$$

并对 ω 求导一次再令其等于零,可求得

$$\omega_m = \frac{1}{\sqrt{\alpha}\,T} \tag{9-14}$$

因为 $\lg\dfrac{1}{\alpha T}$ 和 $\lg\dfrac{1}{T}$ 的中间值为

$$\frac{1}{2}\left(\lg\frac{1}{\alpha T}+\lg\frac{1}{T}\right)=\lg\frac{1}{\sqrt{\alpha}\,T}$$

故在波德图上,ω_m 正好在 $\dfrac{1}{\alpha T}$ 和 $\dfrac{1}{T}$ 几何位置的中点上。

将式(9-14)代入式(9-12)求得最大超前角

$$\varphi_m = \arctan\frac{\alpha-1}{2\sqrt{\alpha}} \tag{9-15}$$

或

$$\varphi_m = \arcsin\frac{\alpha-1}{\alpha+1} \tag{9-16}$$

由式(9-16)可得

$$\alpha = \frac{1 + \sin\varphi_m}{1 - \sin\varphi_m} \tag{9-17}$$

利用式(9-17),可以根据需要的 φ_m 确定 α 的大小,一般常取 $\alpha = 5 \sim 20$。当 α 过小时,超前校正中的微分作用过弱;而当 α 过大时,一方面因 φ_m 变化不大,同时也将给下面要讲到的增益补偿带来困难。

由图9-18的对数幅频曲线 ① 知,信号通过图9-17的超前网络时将产生衰减。因此,为使系统的开环增益不变,用该网络校正系统时还要串接一只增益为 α 的放大器,进行增益补偿。进行增益补偿后的相位超前网络的对数幅频特性曲线如图9-18中的曲线 ② 所示。

由图9-18可见,当 $\omega > \frac{1}{\alpha T}$ 时,增益补偿后的超前网络的对数幅值大于零分贝。故它将使系统校正后的增益交界频率右移,从而加宽了系统的频带,提高了系统的快速性。另外,通过适当地选择网络的参数,使网络出现最大超前角时的频率,接近系统的增益交界频率,就能有效地增加系统的相位裕量,提高系统的相对稳定性。因此,当系统具有满意的稳态性能而瞬态响应不符合要求时,就可采用超前校正。

2.超前校正装置的设计

利用 RC 相位超前网络校正系统时,主要是根据系统校正前的性能和校正后的要求确定校正网络的参数。其一般步骤如下:

(1) 根据稳态性能要求,确定系统的开环增益;

(2) 计算校正前系统的相位裕量;

(3) 根据系统要求的相位裕量,计算校正网络的最大超前角 φ_m;

(4) 计算参数 α;

(5) 在校正前的开环波德图上找出 $L(\omega) = -10\lg\alpha$ 分贝处的频率 ω_0。ω_0 即为校正后的开环波德图的增益交界频率。

(6) 取 $\omega_m = \omega_0$,计算参数 T 和转折频率 $\frac{1}{\alpha T}$ 及 $\frac{1}{T}$;

(7) 绘制校正后的开环波德图,校核幅值裕量。计算网络中各元件的参数。下面用具体例子加以说明。

【例 9-1】 设某控制系统的开环传递函数为

$$G(S)H(S) = \frac{K}{S(0.1S + 1)(0.001S + 1)}$$

要求通过超前校正,使系统满足相位裕量 $\gamma \geqslant 45°$,幅值裕量 $20\lg k_g \geqslant 15$ 分贝,以及在单位斜坡函数作用下的稳态偏差 $e_{ss} \leqslant 0.001$。

解:1.确定系统的开环增益 K

根据稳态偏差要求

$$e_{SS} = \frac{1}{K_v} = 0.001$$

又

$$K_v = \lim_{S \to 0} SG(S)H(S) = K$$

故

$$K = \frac{1}{0.001} = 1000(1/s)$$

2. 计算校正前系统的相位裕量

确定了开环增益后,可绘制系统的开环波德图如图 9-19 虚线所示。由图知,系统校正前的增益交界频率为

$$\omega_{cr} = 100(1/s)$$

相位裕量　　　　$\gamma = 0°$

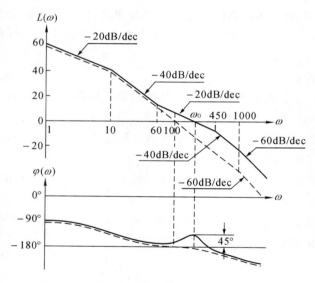

图 9-19　例 9-1 系统超前校正前后的波德图

3. 计算校正网络的最大超前角 φ_m

由图 9-19 知,校正前系统开环频率特性的相位滞后随频率的升高而增大。设 $\Delta\varphi$ 是考虑由增益交界频率 ω_{cr} 到频率 ω'_{cr}(校正后的增益交界频率)的相位滞后增大量在确定 φ_m 时的补偿值,则 φ_m 应是要求的相位裕量和校正前的相位裕量的差值与 $\Delta\varphi$ 之和。$\Delta\varphi$ 的大小与校正前的相频特性有关。对于本例,若取 $\Delta\varphi = 5°$,则最大超前角应为

$$\varphi_m = 45° - 0° + 5° = 50°$$

4.计算参数 α

参数 α 可由式(9-17)计算如下：

$$\alpha = (1 + \sin 50°)/(1 - \sin 50°) \approx 7.5$$

5.求频率 ω_0

根据 $-10\lg\alpha = -10\lg 7.5 = -8.75$ 分贝，在校正前的系统开环波德图上，求得 $L(\omega) = -8.75$ 分贝时的频率

$$\omega_0 = 164.5(1/s)$$

6.计算参数 T 及转角频率 ω_{c1}，ω_{c2}

取

$$\omega_m = \omega_0$$

则由式(9-14)有

$$T = \frac{1}{\omega_m \sqrt{\alpha}} = \frac{1}{164.5\sqrt{7.5}} = 2.22 \times 10^{-3}(s)$$

故转折频率为

$$\omega_{c1} = \frac{1}{\alpha T} = 60(1/s)$$

$$\omega_{c2} = \frac{1}{T} = 450(1/s)$$

7.确定校正网络的传递函数及校正后的系统开环传递函数

经增益补偿后的网络传递函数为

$$\alpha G_C(S) = \frac{\alpha TS + 1}{TS + 1} = \frac{0.0167S + 1}{0.00222S + 1}$$

8.校正后系统的开环传递函数为

$$\alpha G_C(S)G(S)H(S) = \frac{1000(0.0167S + 1)}{S(0.00222S + 1)(0.1S + 1)(0.001S + 1)}$$

校正后的系统开环波德图如图 9-19 中的实线所示。

由图可见,校正后系统的相位裕量由 0° 提高到 45°。从计算知,增益裕量也从 0dB 提高到 17.25dB,因而提高了系统的相对稳定性。另外,增益交界频率也由 100(1/s) 提高到 164.5(1/s),因而也提高了系统的响应快速性。

网络元件的参数 R_1,R_2,C 可根据求得的参数 T 和 α 确定。

三、相位滞后校正

相位滞后校正可由 $P + I$ 控制器或 RC 相位滞后网络来实现。

1.RC 相位滞后网络

图 9-20 所示是 RC 相位滞后网络。它的传递函数为

$$G_C(S) = \frac{\beta TS + 1}{TS + 1} \qquad (9\text{-}18)$$

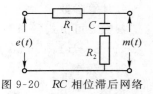

图 9-20　RC 相位滞后网络

式中

$$T = (R_1 + R_2)C, \quad \beta = \frac{R_2}{R_1 + R_2} < 1$$

这一滞后网络的对数频率特性为

$$L(\omega) = 20\lg \sqrt{1 + (\beta T\omega)^2} - 20\lg \sqrt{1 + (T\omega)^2}$$

$$\varphi(\omega) = \arctan\beta T\omega - \mathrm{arctg}T\omega$$

其波德图如图 9-21 所示。由图可见，这一网络的频率特性的相位具有滞后的特性，故称它为相位滞后网络。相位滞后网络将在某一频率时出现最大的相位滞后，这一相位称为最大滞后角。出现最大滞后角时的频率 ω_m 和最大滞后角 φ_m 的大小为：

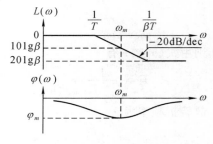

图 9-21　相位滞后网络的波德图

$$\omega_m = \frac{1}{\sqrt{\beta}T} \qquad (9\text{-}19)$$

和

$$\varphi_m = \arctan\frac{\beta - 1}{2\sqrt{\beta}} \qquad (9\text{-}20)$$

或

$$\varphi_m = \arcsin\frac{\beta - 1}{\beta + 1} \qquad (9\text{-}21)$$

由式（9-21）可得

$$\beta = \frac{1 + \sin\varphi_m}{1 - \sin\varphi_m} \qquad (9\text{-}22)$$

由图 9-21 知，滞后网络在高频段具有明显的衰减特性。β 值愈小，衰减愈强，系统的滞后校正就是利用滞后网络的这种衰减特性，而不是利用它的相位滞后特性。

当引入滞后校正时，系统的增益交界频率将左移。如果选取较大的 T 值，使 ω_m 远离校正后的增益交界频率而处于相当低的频率上，以便使校正网络的相位滞后对相位裕量的影响尽可能小，就可以提高系统的相对稳定性。特别当系统不能满足幅值裕量和相位裕量，而且在增益交界频率附近相位变化明显时，采用滞后校正能够收到较好的效果。另一方面，若保持系统原来的相对稳定性，则可以提高系统的开环增益 $\frac{1}{\beta}$ 倍。故当系统具有满意的瞬态响应而稳态性能不符合要求时,可采用滞后校正。

2.滞后校正装置的设计

利用滞后校正提高系统的瞬态性能时,确定校正网络参数的一般步骤是:

(1)根据稳态性能要求,确定系统的开环增益;

(2)在校正前的开环对数相频曲线上,找出(或计算出)相位为

$$\varphi(\omega_0) = \gamma_d + \Delta\varphi - 180° \tag{9-23}$$

时的频率 ω_0。这里 γ_d 是要求的相位裕量,$\Delta\varphi$ 是考虑网络相位滞后的影响而追加的相位。这样若以 ω_0 为系统校正后的增益交界频率,就能保证所要求的相位裕量。

(3)计算参数 β

为使 ω_0 能成为校正后的增益交界频率,校正前的开环对数幅频特性在 ω_0 时的对数幅值应满足下式:

$$20\lg |G(j\omega)H(j\omega_0)| = -20\lg\beta \tag{9-24}$$

于是 β 值可由式(9-24)求得。

(4)确定参数 T 和网络的转折频率

为使校正网络的相位滞后对系统相位裕量的影响尽可能小,一般取网络的高转折频率 ω_{c2} 为

$$\omega_{c2} = \frac{1}{\beta T} = (0.2 \sim 0.1)\omega_0 \tag{9-25}$$

于是

$$T = \frac{1}{(0.2 \sim 0.1)\omega_0\beta} \tag{9-26}$$

求出参数 T 后就可确定网络的低转折频率

$$\omega_{c1} = \frac{1}{T} \tag{9-27}$$

(5)绘制校正后的系统开环波德图,校核要求的性能指标,确定网络元件的参数。

下面举例说明。

【例 9-2】　已知系统的开环传递函数为

$$G(S)H(S) = \frac{K}{S(0.1S+1)(0.2S+1)}$$

要求通过相位滞后校正,使系统满足速度偏差系数 $K_v = 30(1/s)$ 和相位裕量 $\gamma \geqslant 40°$。

解: 1.确定开环增益 K

$$K_v = \lim_{S \to 0} SG(S)H(S)$$

$$= \lim_{S \to 0} S \frac{K}{S(0.1S+1)(0.2S+1)} = K$$

故

$$K = 30(1/\text{s})$$

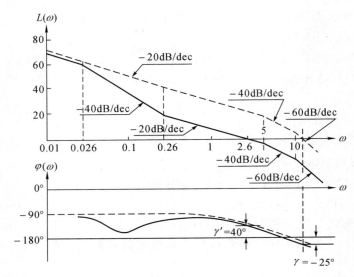

图 9-22 例 9-2 系统滞后校正前后的波德图

2.绘制开环波德图如图 9-22 中虚线所示。根据开环波德图或开环频率特性函数求得校正前系统的增益交界频率为

$$\omega_{cr} \approx 11(1/\text{s})$$

和相位裕量为

$$\gamma = -25°$$

可见未经校正的系统是不稳定的。从图 9-22 知,在增益交界频率附近相位变化比较大,故采用滞后校正比较合适。

3.确定 ω_0

若取 $\Delta\varphi = 5°$,则由波德图或频率特性函数可求得开环频率特性的相位为

$$\varphi(\omega_0) = 40° + 5° - 180° = -135°$$

时的频率

$$\omega_0 = 2.6(1/\text{s})$$

4.计算参数 β

根据式(9-24)有

$$20\lg \left| \frac{30}{j\omega_0(j0.1\omega_0+1)(j0.2\omega_0+1)} \right| = -20\lg\beta$$

将 $\omega_0 = 2.6(1/s)$ 代入上式,求得

$$\beta = 0.1$$

5. 确定参数 T 和网络的转折频率

取

$$\omega_{c2} = 0.1\omega_0 = 0.26(1/s)$$

则由式(9-26)得

$$T = \frac{1}{0.1\omega_0\beta} = \frac{1}{0.1 \times 2.6 \times 0.1} = 38.5(s)$$

于是

$$\omega_{c1} = \frac{1}{T} = \frac{1}{38.5} = 0.026(1/s)$$

6. 确定校正网络的传递函数及校正后的系统开环传递函数

校正网络的传递函数为

$$G_c(S) = \frac{3.85S+1}{38.5S+1}$$

校正后的系统开环传递函数为

$$G_C(S)G(S)H(S) = \frac{30(3.85S+1)}{S(0.1S+1)(0.2S+1)(38.5S+1)}$$

校正后的系统开环波德图如图 9-22 中实线所示。根据该波德图或校正后的开环传递函数,可全面校核系统的性能。

四、相位滞后－超前校正

相位滞后－超前校正可由 $P+D+I$ 控制器实现,也可由 RC 相位滞后网络和 RC 相位超前网络(图 9-23(a))一起实现或由 RC 相位滞后－超前网络(图 9-23(b))实现。

图 9-23(b) 所示的 RC 相位滞后－超前网络的传递函数为

$$G_c(S) = \frac{(R_1C_1S+1)(R_2C_2S+1)}{R_1C_1R_2C_2S^2 + (R_1C_1 + R_2C_2 + R_1C_2)S + 1} \tag{9-28}$$

令 $R_1C_1 = T_1$, $R_2C_2 = T_2$, $\dfrac{R_1+R_2}{R_2} = \alpha > 1$,又若考虑到 T_2 大于 T_1 好几倍时,取

$$R_1C_1 + R_2C_2 + R_1C_2 \approx \frac{T_1}{\alpha} + \alpha T_2$$

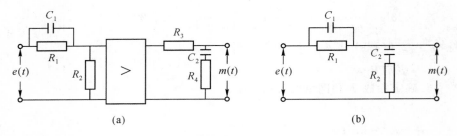

图 9-23　RC 相位滞后‐超前网络

则式(9-28)可化简成

$$G_C(S) = \frac{(T_1S+1)(T_2S+1)}{(\dfrac{T_1S}{\alpha}+1)(\alpha T_2S+1)}$$

$$= \left[\frac{S+\dfrac{1}{T_1}}{S+\dfrac{\alpha}{T_1}}\right]\left[\frac{S+\dfrac{1}{T_2}}{S+\dfrac{1}{\alpha T_2}}\right] \qquad (9\text{-}29)$$

显然,式(9-29)右边的第一个因子

$$\frac{S+\dfrac{1}{T_1}}{S+\dfrac{\alpha}{T_1}} = \frac{1}{\alpha}\frac{T_1S+1}{\dfrac{T_1S}{\alpha}+1}$$

具有相位超前特性。而第二个因子

$$\frac{S+\dfrac{1}{T_2}}{S+\dfrac{1}{\alpha T_2}} = \alpha\frac{T_2S+1}{\alpha T_2S+1}$$

具有相位滞后特性。图9-24就是这一网络的波德图。可见网络在低频段起滞后校正作用,在高频段起超前校正作用。因此采用滞后 — 超前校正时,既可提高系统的开环增益,又可提高系统的相对稳定性和响应的快速性。

<h2 align="center">第三节　　反馈校正</h2>

校正环节和向前通道上某一环节构成回路以提高系统性能的校正方式称为反馈校正,如图 9-25 所示。图中 $G_C(S)$ 为校正环节的传递函数。

反馈校正能有效地改变某些环节参数波动对系统性能的影响,消除系统中某些环节不希望存在的特性等。

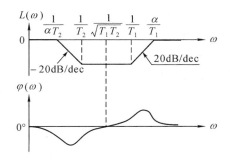

图 9-24　RC 相位滞后 - 超前网络波德图

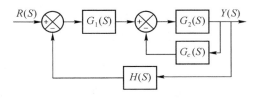

图 9-25　反馈校正

图 9-25 表示,系统中环节 $G_2(S)$ 的特性对系统的性能有不利的影响。为了消除这一影响,采用校正环节 $G_C(S)$ 与它构成反馈回路。反馈回路的频率特性函数为

$$G(j\omega) = \frac{G_2(j\omega)}{1 + G_2(j\omega)G_c(j\omega)}$$

在一定频域内,使

$$|G_2(j\omega)G_c(j\omega)| \gg 1$$

则有

$$G(j\omega) \approx \frac{1}{G_c(j\omega)}$$

于是

$$G(S) \approx \frac{1}{G_C(S)}$$

这说明,反馈回路传递函数 $G(S)$ 与传递函数 $G_2(S)$ 几乎没有关系,$G_2(S)$ 已被 $\dfrac{1}{G_C(S)}$ 所取代,因此大大地减弱 $G_2(S)$ 对系统的影响。

利用比例反馈或微分反馈还能改变系统的局部结构和参数。比例反馈的反馈量与反馈回路的输出成比例,故又称硬反馈。微分反馈的反馈量与反馈回路输出的变化率成比例,故又称速度反馈或软反馈。下面讨论比例反馈和微分反馈对系统局部结构和参数的影响。

1. 积分环节的比例反馈和微分反馈

图 9-26(a) 表示积分环节的比例反馈。反馈回路的传递函数为

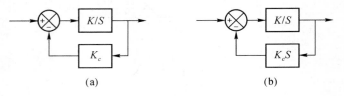

(a)   (b)

图 9-26   积分环节的比例反馈和微分反馈

$$G(S) = \frac{\dfrac{K}{S}}{1 + \dfrac{KK_c}{S}} = \frac{\dfrac{1}{K_c}}{\dfrac{S}{K_cK} + 1}$$

即积分环节经比例反馈后,变成了惯性环节。时间常数为 $\dfrac{1}{K_cK}$,这意味着积分环节经比例反馈后,系统的稳态误差将增加。但可选择合适的 K_c 值,使系统的相位裕量增加,而提高系统的相对稳定性。

图 9-26(b) 表示积分环节的微分反馈。反馈回路的传递函数为

$$G(S) = \frac{K}{(1 + K_cK)S}$$

可知积分环节的微分反馈不改变原来积分环节的结构,唯积分时间常数增加了 $(1 + K_cK)$ 倍。

2. 惯性环节的比例反馈和微分反馈

图 9-27(a) 表示惯性环节的比例反馈。反馈回路的传递函数为

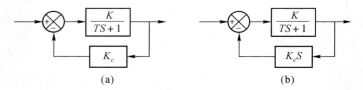

(a)   (b)

图 9-27   惯性环节的比例反馈和微分反馈

$$G(S) = \frac{\dfrac{K}{(1 + K_cK)}}{\dfrac{TS}{(1 + K_cK)} + 1}$$

可见惯性环节的比例反馈不改变原惯性环节的结构,但时间常数比原来的减小了 $(1 + K_cK)$ 倍。由于时间常数减小,系统开环频率特性在交界频率处的相位滞后将减小,因而增加了系统的相位裕量,提高了系统的相对稳

定性。但由于反馈回路的增益也减小了 $(1+K_cK)$ 倍。为保持系统的开环增益不变,故需将其他环节的增益相应提高 $(1+K_cK)$ 倍。

图 9-27(b) 是惯性环节的微分反馈的方块图。反馈回路的传递函数为

$$G(S) = \frac{K}{(T+K_cK)S+1}$$

可见环节的结构和增益都没有改变,只是时间常数从 T 增大到 $(T+K_cK)$。

因此利用局部反馈,可将两个惯性环节的时间常数拉开,从而改善系统的动态平稳性。

3. 振荡环节的比例反馈和微分反馈

振荡环节的比例反馈如图 9-28(a) 所示。反馈回路的传递函数为

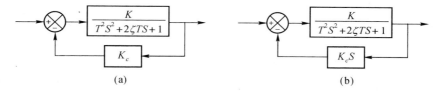

$$(a) \qquad (b)$$

图 9-28　振荡环节的比例反馈和微分反馈

$$G(S) = \frac{K}{T^2S^2 + 2\zeta TS + 1 + K_cK}$$

$$= \frac{\dfrac{K}{1+K_cK}}{(\dfrac{T}{\sqrt{1+K_cK}})^2 S^2 + 2\dfrac{\zeta}{\sqrt{1+K_cK}}\dfrac{T}{\sqrt{1+K_cK}}S + 1}$$

可见环节的结构不变,但时间常数减小 $\sqrt{1+K_cK}$ 倍。阻尼比和增益减小了 $(1+K_cK)$ 倍。

图 9-28(b) 所示是振荡环节的微分反馈。反馈回路的传递函数是

$$G(S) = \frac{K}{T^2S^2 + (2\zeta T + K_cK)S + 1}$$

$$= \frac{K}{T^2S^2 + 2(\zeta + \dfrac{K_cK}{2T})TS + 1}$$

即环节结构不变,但增大了阻尼比。

习　　题

9-1　试分析对单位反馈二阶系统进行 $P+D$ 控制后性能的变化。

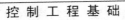

9-2 要求对图 P9-2 所示系统进行串联超前校正,以便使速度偏差系数 $K_v = 20(1/s)$,相位裕量 $\gamma \geqslant 50°$。试画出校正后的系统方块图。

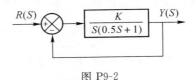

图 P9-2

9-3 已知某单位反馈系统的开环传递函数为

$$G(S)H(S) = \frac{K}{S(S+1)(0.5S+1)}$$

要求通过串联滞后校正使系统的速度偏差系数 $K_v = 5(1/s)$,相位裕量 $\gamma \geqslant 40°$。试设计校正环节,并求出校正后的系统开环传递函数。

9-4 已知某单位反馈系统的开环传递函数为

$$G(S)H(S) = \frac{5\sqrt{2}}{(0.05\sqrt{2}S+1)S}$$

要求通过如图 P9-4 所示的前馈校正后,使在斜坡函数作用下的稳态误差等于零,试求校正环节的传递函数 $G_C(S)$。

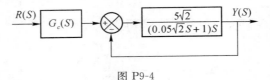

图 P9-4

附录　拉普拉斯变换

拉普拉斯变换（简称拉氏变换）是一种积分变换，它可将实域中的微分方程变换成复域中的代数方程。利用拉氏变换求解微分方程时，初始条件将包含在微分方程的拉氏变换式中，使求解大为简化。拉氏变换是研究控制系统的一种基本数学方法。

一、拉氏变换的定义

设 $f(t)$ 是实变量 t 的单值函数，在 $t \geqslant 0$ 的任一有限区间上是连续的或至少是分段连续的。并且当 t 趋于无穷大时，$f(t)$ 是指数级的。即存在一个正实数 σ，在 t 趋于无穷大时，它使函数 $e^{-\sigma t}|f(t)|$ 趋近于零。则 $f(t)$ 的拉氏变换 $F(S)$ 定义为：

$$F(S) = L[f(t)] = \int_0^\infty f(t)e^{-St}\,\mathrm{d}t \tag{A-1}$$

式中，S 是一个实部大于 σ 的复变量。L 为拉氏变换运算符。通常称 $f(t)$ 为原函数，$F(S)$ 为拉氏变换函数或原函数的象函数。

拉氏变换定义式中，其积分的下限为零。但是，若函数 $f(t)$ 在 $t=0$ 处有突跳，这就是存在积分下限是从正的一边趋向于零，还是从负的一边趋向于零，即积分下限是取 0^+ 还是 0^- 的问题。因为对于这两种下限，$f(t)$ 的拉氏变换是不同的。我们采用如下标记区分这种差别：

$$L_+[f(t)] = \int_{0^+}^\infty f(t)e^{-St}\,\mathrm{d}t \tag{A-2}$$

$$L_-[f(t)] = \int_{0^-}^\infty f(t)e^{-St}\,\mathrm{d}t$$

$$= \int_{0^-}^{0^+} f(t)e^{-St}\,\mathrm{d}t + L_+[f(t)] \tag{A-3}$$

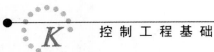

二、常用函数的拉氏变换

1. 单位脉冲函数

单位脉冲函数又称 δ 函数,一个脉冲面积为 1,在 $t=0$ 时出现无穷突跳的特殊函数(如图 A-1 所示)。其数学表达式为

$$\delta(t) = \begin{cases} 0 & t \neq 0 \\ \infty & t = 0 \end{cases}$$

并且

$$\int_{-\infty}^{+\infty} \delta(t)\,\mathrm{d}t = 1$$

单位脉冲函数的拉氏变换为

$$L[\delta(t)] = 1 \tag{A-4}$$

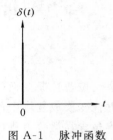

图 A-1 脉冲函数

证明如下:

因这种函数在 $t=0$ 有突跳,$L_+[\delta(t)]$ 不能反映它在 $[0^-, 0^+]$ 区间的特性,故应取 $L_-[\delta(t)]$。

$$L_-[\delta(t)] = \int_{0^-}^{\infty} \delta(t)e^{-St}\,\mathrm{d}t$$

$$= \int_{0^-}^{0^+} \delta(t)e^{-St}\,\mathrm{d}t + \int_{0^+}^{\infty} \delta(t)e^{-St}\,\mathrm{d}t$$

$$= \int_{0^-}^{0^+} \delta(t)e^{-St}\,\mathrm{d}t = 1$$

2. 指数函数

指数函数 $f(t) = e^{-\alpha t}$(α 为常数)的拉氏变换为

$$L[e^{-\alpha t}] = \frac{1}{S+\alpha} \tag{A-5}$$

证明如下:

$$L[e^{-\alpha t}] = \int_0^{\infty} e^{-\alpha t}e^{-St}\,\mathrm{d}t = \int_0^{\infty} e^{-(\alpha+S)t}\,\mathrm{d}t$$

$$= -\frac{1}{\alpha+S}[e^{-(\alpha+S)t}]_0^{\infty} = \frac{1}{S+\alpha}$$

3. 单位阶跃函数

单位阶跃函数

$$f(t) = u(t) = \begin{cases} 0 & t < 0 \\ 1 & t > 0 \end{cases}$$

如图 A-2 所示。这种函数的拉氏变换是

$$L[u(t)] = \frac{1}{S} \qquad (A\text{-}6)$$

证明如下：

阶跃函数在 $t = 0$ 处是不确定的，$f(0^-) = 0$，而 $f(0^+) = 1$，似乎也存在取 $L_+[u(t)]$ 或 $L_-[u(t)]$ 的问题。

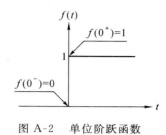

图 A-2　单位阶跃函数

但由于

$$\int_{0^-}^{0^+} e^{-St} \,\mathrm{d}t = 0$$

故其拉氏变换可取为：

$$L[u(t)] = \int_0^\infty e^{-St} \,\mathrm{d}t = -\frac{e^{-St}}{S} \Big|_0^\infty = \frac{1}{S}$$

4. 正弦函数

正弦函数

$$f(t)\sin\omega t \quad (\omega \text{ 为常数})$$

的拉氏变换是：

$$L[\sin\omega t] = \frac{\omega}{S^2 + \omega^2} \qquad (A\text{-}7)$$

证明如下：

根据欧拉公式

$$\sin\omega t = \frac{1}{2j}(e^{j\omega t} - e^{-j\omega t})$$

故

$$\begin{aligned}
L[\sin\omega t] &= \frac{1}{2j}\int_0^\infty (e^{j\omega t} - e^{-j\omega t}) e^{-St} \,\mathrm{d}t \\
&= \frac{1}{2j}\left\{ \int_0^\infty e^{-(S-j\omega)t} \,\mathrm{d}t - \int_0^\infty e^{-(S+j\omega)t} \,\mathrm{d}t \right\} \\
&= \frac{1}{2j}\left\{ -\frac{1}{S-j\omega}\left[e^{-(S-j\omega)t} \right]_0^\infty + \frac{1}{S+j\omega}\left[e^{-(S+j\omega)t} \right]_0^\infty \right\} \\
&= \frac{1}{2j}\left[\frac{1}{S-j\omega} - \frac{1}{S+j\omega} \right] \\
&= \frac{1}{2j}\left[\frac{2j\omega}{S^2 + \omega^2} \right] \\
&= \frac{\omega}{S^2 + \omega^2}
\end{aligned}$$

5. 余弦函数

余弦函数

$$f(t) = \cos\omega t \qquad (\omega\ \text{为常数})$$

的拉氏变换是：

$$L[\cos\omega t] = \frac{S}{S^2 + \omega^2} \tag{A-8}$$

证明如下：

根据欧拉公式

$$\cos\omega t = \frac{1}{2}(e^{j\omega t} + e^{-j\omega t})$$

故

$$
\begin{aligned}
L[\cos\omega t] &= \frac{1}{2}\int_0^\infty (e^{j\omega t} + e^{-j\omega t})e^{-St}\,\mathrm{d}t \\
&= \frac{1}{2}\left\{\int_0^\infty e^{-(S-j\omega)t}\,\mathrm{d}t - \int_0^\infty [e^{-(S+j\omega)t}]\mathrm{d}t\right\} \\
&= \frac{1}{2}\left\{-\frac{1}{S-j\omega}[e^{-(S-j\omega)t}]_0^\infty - \frac{1}{S+j\omega}[e^{-(S+j\omega)t}]_0^\infty\right\} \\
&= \frac{1}{2}\left(\frac{1}{S-j\omega} - \frac{1}{S+j\omega}\right) = \frac{S}{S^2 + \omega^2}
\end{aligned}
$$

6. t 的幂函数

$$f(t) = t^n \qquad (n\ \text{为正整数})$$

的拉氏变换是

$$L[t^n] = \frac{n!}{S^{n+1}} \tag{A-9}$$

证明如下：

$$L[t^n] = \int_0^\infty t^n e^{-St}\,\mathrm{d}t$$

利用分部积分，令

$$u = t^n, \quad \mathrm{d}v = e^{-St}\,\mathrm{d}t$$

于是

$$\mathrm{d}u = nt^{n-1}\,\mathrm{d}t, \quad v = \int e^{-St}\,\mathrm{d}t = -\frac{1}{S}e^{-St}$$

故

$$\int_0^\infty t^n e^{-St}\,\mathrm{d}t = -\frac{t^n}{S}e^{-St}\ \Big|_0^\infty + \frac{n}{S}\int_0^\infty t^{n-1}e^{-St}\,\mathrm{d}t = \frac{n}{S}\int_0^\infty t^{n-1}e^{-St}\,\mathrm{d}t$$

即

$$L[t^n] = \frac{n}{S}L[t^{n-1}]$$

继续上面的运算可得

$$L[t^n] = \frac{n}{S}L[t^{n-1}] = \frac{n}{S}\frac{n-1}{S}L[t^{n-2}]$$

$$= \frac{n}{S}\frac{n-1}{S}\frac{n-2}{S}\cdots\frac{2}{S}\frac{1}{S}L[t^0]$$

当 $t > 0$ 时，t^0 与单位阶跃函数 $u(t)$ 相同，其拉氏变换为 $\frac{1}{S}$。

故得

$$L[t^n] = \frac{n!}{S^{n+1}}$$

为便于查阅，将控制工程中可能用到的一些函数的拉氏变换列于本附录后的拉氏变换表中。

三、拉氏变换的运算定理

1. 比例定理

设 $L[f(t)] = F(S)$，a 为常数，则有

$$L[af(t)] = aF(S) \tag{A-10}$$

即原函数 $f(t)$ 与常数 a 之积的拉氏变换，等于该原函数的拉氏变换 $F(S)$ 与常数 a 之积。这就是比例定理。

2. 叠加定理

设 $L[f_1(t)] = F_1(S)$，　$L[f_2(t)] = F_2(S)$，则

$$L[f_1(t) + f_2(t)] = F_1(S) + F_2(S) \tag{A-11}$$

即原函数 $f_1(t)$ 与 $f_2(t)$ 之和的拉氏变换，等于该原函数拉氏变换 $F_1(S)$ 与 $F_2(S)$ 之和。这就是叠加定理。

比例定理和叠加定理反映了拉氏变换的线性性质。拉氏变换的这一性质可通过拉氏变换的定义得到证明。

3. 微分定理

设 $L[f(t)] = F(S)$，则有

$$L\left[\frac{\mathrm{d}f(t)}{\mathrm{d}t}\right] = SF(S) - f(0) \tag{A-12}$$

式中，$f(0)$ 是原函数 $f(t)$ 在 $t = 0$ 处的值。

如果原函数 $f(t)$ 在 $t = 0$ 处有间断点，则 $f(0^+) \neq f(0^-)$；同时在 $t = 0$ 处 $\frac{\mathrm{d}f(t)}{\mathrm{d}t}$ 将是一个脉冲函数。这时微分定理可表达成：

$$L_+\left[\frac{\mathrm{d}f(t)}{\mathrm{d}t}\right] = SF(S) - f(0^+)$$

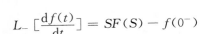

$$L_- \left[\frac{\mathrm{d}f(t)}{\mathrm{d}t}\right] = SF(S) - f(0^-)$$

微分定理证明如下：

根据拉氏变换定义

$$L\left[\frac{\mathrm{d}f(t)}{\mathrm{d}t}\right] = \int_0^\infty \frac{\mathrm{d}f(t)}{\mathrm{d}t} e^{-St}\,\mathrm{d}t = \int_0^\infty e^{-St}\,\mathrm{d}f(t)$$

采用分部积分法，令

$$u = e^{-St}, \quad \mathrm{d}v = \mathrm{d}f(t)$$

则

$$\mathrm{d}u = -Se^{-St}\,\mathrm{d}t, \quad v = f(t)$$

于是

$$L\left[\frac{\mathrm{d}f(t)}{\mathrm{d}t}\right] = e^{-St} f(t)\,\Big|_0^\infty + S\int_0^\infty f(t) e^{-St}\,\mathrm{d}t = SF(S) - f(0)$$

同样，对于 $f(t)$ 的二阶导数，我们可以得到

$$L\left[\frac{\mathrm{d}^2 f(t)}{\mathrm{d}t^2}\right] = S^2 F(S) - Sf(0) - f^{(1)}(0) \tag{A-13}$$

式中 $f^{(1)}(0)$ 是 $\dfrac{\mathrm{d}f(t)}{\mathrm{d}t}$ 在 $t=0$ 处的值，上式证明如下：

设

$$\frac{\mathrm{d}f(t)}{\mathrm{d}t} = g(t)$$

则

$$L\left[\frac{\mathrm{d}^2 f(t)}{\mathrm{d}t^2}\right] = L\left[\frac{\mathrm{d}g(t)}{\mathrm{d}t}\right] = SL[g(t)] - g(0)$$

$$= SL\left[\frac{\mathrm{d}f(t)}{\mathrm{d}t}\right] - f^{(1)}(0)$$

$$= S^2 F(S) - Sf(0) - f^{(1)}(0)$$

用同样的方法，我们可以得到 $f(t)$ 的 n 阶导数的拉氏变换如下：

$$L\left[\frac{\mathrm{d}^n f(t)}{\mathrm{d}t^n}\right] = S^n F(S) - S^{n-1} f(0) - S^{n-2} f^{(1)}(0)$$

$$- S^{n-3} f^{(2)}(0)\cdots - Sf^{(n-2)}(0) - f^{(n-1)}(0) \tag{A-14}$$

式中 $f(0)$，$f^{(1)}(0)$，$f^{(2)}(0)$，$\cdots f^{(n-1)}(0)$ 分别表示原函数 $f(t)$，$\dfrac{\mathrm{d}f(t)}{\mathrm{d}t}$，$\dfrac{\mathrm{d}^2 f(t)}{\mathrm{d}t^2}$，$\cdots$，$\dfrac{\mathrm{d}^{n-1} f(t)}{\mathrm{d}t^{n-1}}$ 等在 $t=0$ 处的值。

若原函数 $f(t)$ 及其各阶导数的初始值均为零，则微分定理可表达成

$$L\left[\frac{\mathrm{d}^n f(t)}{\mathrm{d}t^n}\right] = S^n F(S) \tag{A-15}$$

即原函数 $f(t)$ 的 n 阶导数的拉氏变换,等于其象函数 $F(S)$ 乘以 S 的 n 次方。

4. 积分定理

设 $L[f(t)] = F(S)$ 则有

$$L\left[\int f(t)\,\mathrm{d}t\right] = \frac{F(S)}{S} + \frac{f^{(-1)}(0)}{S} \tag{A-16}$$

式中,$f^{(-1)}(0)$ 是 $\int f(t)\,\mathrm{d}t$ 在 $t = 0$ 处的值

如果原函数在 $t = 0$ 处包含一个脉冲函数,则 $f^{(-1)}(0^-) \neq f^{(-1)}(0^+)$,这时积分定理可表达成

$$L_+\left[\int f(t)\,\mathrm{d}t\right] = \frac{F(S)}{S} + \frac{f^{(-1)}(0^+)}{S}$$

$$L_-\left[\int f(t)\,\mathrm{d}t\right] = \frac{F(S)}{S} + \frac{f^{(-1)}(0^-)}{S}$$

积分定理可证明如下:

根据拉氏变换定义

$$L\left[\int f(t)\,\mathrm{d}t\right] = \int_0^\infty \left[\int f(t)\,\mathrm{d}t\right]e^{-St}\,\mathrm{d}t$$

采用分部积分,令

$$u = \int f(t)\,\mathrm{d}t, \quad \mathrm{d}v = e^{-St}\,\mathrm{d}t$$

则

$$\mathrm{d}u = f(t)\,\mathrm{d}t, \quad v = -\frac{1}{S}e^{-St}$$

故

$$L\left[\int f(t)\,\mathrm{d}t\right] = \left[-\frac{1}{S}e^{-St}\int f(t)\,\mathrm{d}t\right]_0^\infty + \frac{1}{S}\int_0^\infty f(t)e^{-St}\,\mathrm{d}t$$

$$= \frac{F(S)}{S} + \frac{f^{(-1)}(0)}{S}$$

同理,原函数 $f(t)$ 的 n 重积分的拉氏变换是:

$$L\left[\underbrace{\int\cdots\int}_{n} f(t)\,\mathrm{d}t^n\right] = \frac{F(S)}{S^n} + \frac{f^{(-1)}(0)}{S^n} + \frac{f^{(-2)}(0)}{S^{n-1}} + \cdots + \frac{f^{-n}(0)}{S}$$

$$\tag{A-17}$$

式中,$f^{(-1)}(0)$, $f^{(-2)}(0)\cdots f^{(-n)}(0)$ 是 $\int f(t)\,\mathrm{d}t$, $\iint f(t)\,\mathrm{d}t^2 \cdots \underbrace{\int\cdots\int}_{n} f(t)\,\mathrm{d}t^n$

在 $t = 0$ 处的值。

若原函数各重积分的初始值为零,则积分定理可表达成:

$$L\left[\underbrace{\int\cdots\int}_{n} f(t)\,\mathrm{d}t^n\right] = \frac{1}{S^n}F(S) \qquad\qquad (A\text{-}18)$$

即原函数 $f(t)$ 的 n 重积分的拉氏变换,等于其象函数 $F(S)$ 除以 S 的 n 次方。上述四条定理是拉氏变换应用中,最常用的定理。

5. 实域中位移定理

实域中位移定理又称滞后定理。设原函数 $f(t)$ 的拉氏变换为 $F(S)$。又 α 为常数。则比 $f(t)$ 滞后 α 的平移函数 $f(t-\alpha)$(如图 A-3 所示)的拉氏变换是:

$$L[f(t-\alpha)] = e^{-s\alpha}F(S) \qquad\qquad (A\text{-}19)$$

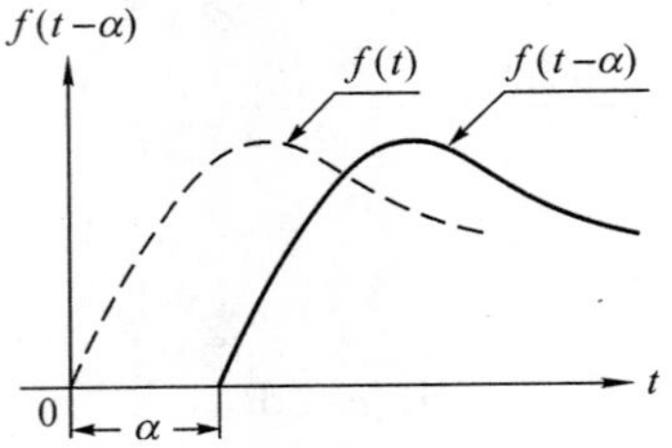

图 A-3　平移函数

式(A-19)称为实域中位移定理,它可证明如下:

根据拉氏变换定义有

$$L[f(t-\alpha)] = \int_0^\infty f(t-\alpha)e^{-St}\,\mathrm{d}t$$

令 $u = t-\alpha$,则 $t = u+\alpha$,$\mathrm{d}t = \mathrm{d}u$ 将它们代入上式得:

$$L[f(t-\alpha)] = \int_{-\alpha}^\infty f(u)e^{-S(u+\alpha)}\,\mathrm{d}u$$

$$= e^{-s\alpha}\int_{-\alpha}^\infty f(u)e^{-Su}\,\mathrm{d}u$$

$$= e^{-s\alpha}\int_{-\alpha}^0 f(u)e^{-Su}\,\mathrm{d}u + e^{-s\alpha}\int_0^\infty f(u)e^{-Su}\,\mathrm{d}u$$

因当 $t<\alpha$ 时 $f(t-\alpha)=0$,即 $u<0$ 时 $f(u)=0$,故上式第一项为零,于是得到

$$L[f(t-\alpha)] = e^{-s\alpha}F(S)$$

6. 复域中位移定理

设原函数 $f(t)$ 的拉氏变换为 $F(S)$,又 α 为常数,则

$$L[e^{-\alpha t}f(t)] = F(S+\alpha) \qquad\qquad (A\text{-}20)$$

式(A-20)称为复域中位移定理。今证明如下:

根据拉氏变换定义得

$$L[e^{-\alpha t}f(t)] = \int_0^\infty e^{-\alpha t}f(t)e^{-St}\,\mathrm{d}t$$

$$= \int_0^\infty f(t)e^{-(S+\alpha)t}\,\mathrm{d}t = F(S+\alpha)$$

位移定理在工程上很有用处,它可以简化一些复杂函数的拉氏变换运算。

7. 终值定理

设 $f(t)$ 的拉氏变换为 $F(S)$,并且 $F(S)$ 在包含 $j\omega$ 轴的右半 S 平面内,除原点处唯一的极点外是解析的,则有

$$\lim_{t\to\infty}f(t) = \lim_{S\to 0}SF(S) \tag{A-21}$$

式(A-21)就是终值定理。今证明如下:

令 $f(t)$ 的导数的拉氏变换式中的 S 趋于零取极限得:

$$\lim_{S\to 0}\int_0^\infty \left[\frac{\mathrm{d}}{\mathrm{d}t}f(t)\right]e^{-St}\,\mathrm{d}t = \lim_{S\to 0}[SF(S)-f(0)]$$

另方面,因 $\lim\limits_{S\to 0}e^{-St}=1$,故有

$$\lim_{S\to 0}\int_0^\infty \left[\frac{\mathrm{d}}{\mathrm{d}t}f(t)\right]e^{-St}\,\mathrm{d}t = \int_0^\infty \mathrm{d}f(t)$$

$$= f(\infty) - f(0) = \lim_{t\to\infty}f(t) - f(0)$$

于是得到

$$\lim_{t\to\infty}f(t) = \lim_{S\to 0}SF(S)$$

对于一个给定的问题,在运用终值定理之前,必须确认它满足终值定理的所有条件。很明显,增长函数,周期函数,是不能运用终值定理的。如正弦函数 $\sin\omega t$,它是周期函数,$\lim\limits_{t\to\infty}f(t)$ 不存在,因此它不能运用终值定理。

8. 初值定理

设 $f(t)$ 的拉氏变换为 $F(S)$,则有

$$\lim_{t\to 0}f(t) = \lim_{S\to\infty}SF(S) \tag{A-22}$$

式(A-22)称为初值定理,并可证明如下:

令 $f(t)$ 的导数的拉氏变换式中的 S 趋于无穷,并取极限得

$$\lim_{S\to\infty}\int_0^\infty \left[\frac{\mathrm{d}f(t)}{\mathrm{d}t}\right]e^{-St}\,\mathrm{d}t = \lim_{S\to\infty}[SF(S)-f(0)]$$

即

$$0 = \lim_{S\to\infty}SF(S) - f(0)$$

故

$$\lim_{t \to 0} f(t) = \lim_{S \to \infty} SF(S)$$

利用终值定理或初值定理，我们就可以很容易地根据象函数去求出原函数 $f(t)$ 的终值或初值，而无需求出 $f(t)$ 的表达式。这将给系统分析带来很大的方便。

9. 相似定理

设函数 $f(t)$ 的拉氏变换为 $F(S)$，又 α 为一正常数，则相似定理给出如下关系

$$L\left[f(\frac{t}{\alpha})\right] = \alpha F(\alpha S) \tag{A-23}$$

相似定理证明如下：

令 $\dfrac{t}{\alpha} = t_1$，$\alpha S = S_1$，则有

$$L\left[f(\frac{t}{\alpha})\right] = \int_0^\infty f(\frac{t}{\alpha})e^{-St}\,\mathrm{d}t$$

$$= \int_0^\infty f(t_1)e^{-S_1 t_1}\,\mathrm{d}(\alpha t_1)$$

$$= \alpha F(S_1) = \alpha F(\alpha S)$$

10. 卷积定理

所谓函数 $f(t)$ 和 $g(t)$ 的卷积积分（常用符号 $f(t) * g(t)$ 表示）是指如下积分：

$$f(t) * g(t) = \int_0^t f(t - \tau)g(\tau)\,\mathrm{d}\tau$$

或

$$f(t) * g(t) = \int_0^t f(\tau)g(t - \tau)\,\mathrm{d}\tau$$

若

$$L[f(t)] = F(S), \quad L[g(t)] = G(S)$$

则

$$L[f(t) * g(t)] = F(S)G(S) \tag{A-24}$$

方程（A-24）说明两个时间函数的卷积积分的拉氏变换等于它们的拉氏变换之积。这就是著名的卷积定理。

在证明卷积定理之前，先说明一下求函数 $f(t)$ 和 $g(t)$ 的卷积积分的过程。为了说明方便起见，假设 $f(t) = t$，和 $g(t) = e^{-\alpha t}$。

首先进行变量代换，以 τ 代换 t，得

$$f(\tau) = \tau$$

和

$$g(\tau) = e^{-\alpha\tau}$$

$f(\tau)$ 和 $g(\tau)$ 的图形如图 A-4(a)、(b) 所示。

作比 $g(\tau)$ 滞后 t 的平移函数 $g(\tau-t)$ 如图 A-4(c) 所示。再以 t 为对称轴，求 $g(\tau-t)$ 的折迭函数。因 $g(\tau-t) = g(-(t-\tau))$。所以这个折迭函数就是 $g(t-\tau)$。折迭函数 $g(t-\tau)$ 的图形如图 A-4(d) 所示。

函数 $f(\tau)$ 与折迭函数 $g(t-\tau)$ 之积就是函数 $f(t)$ 与 $g(t)$ 的卷积。这个卷积的积分就称为卷积积分。

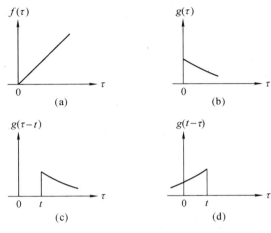

图 A-4　　卷积的图形说明

卷积定理证明如下：

根据拉氏变换条件：当 $t < 0$ 时，$f(t) = 0$。因此，当 $\tau > t$ 时，$f(t-\tau) = 0$。于是

$$\int_0^t f(t-\tau)g(\tau)\mathrm{d}\tau = \int_0^\infty f(t-\tau)g(\tau)\mathrm{d}\tau$$

由拉氏变换定义知：

$$L\Big[\int_0^t f(t-\tau)g(\tau)\mathrm{d}\tau\Big] = \int_0^\infty \Big[\int_0^\infty f(t-\tau)g(\tau)\mathrm{d}\tau\Big]e^{-St}\,\mathrm{d}t$$

因为 $f(t)$ 和 $g(t)$ 都是可拉氏变换的，上式的两个积分绝对收敛，对 t 和 τ 的积分次序可以颠倒，故上式可写成

$$L\Big[\int_0^t f(t-\tau)g(\tau)\mathrm{d}\tau\Big] = \int_0^\infty g(\tau)\Big[\int_0^\infty f(t-\tau)e^{-St}\,\mathrm{d}t\Big]\mathrm{d}\tau$$

对于上式括号内的积分，令

$$t - \tau = x, \quad \mathrm{d}t = \mathrm{d}x$$

故有

$$L\Big[\int_0^t f(t-\tau)g(\tau)\mathrm{d}\tau\Big] = \int_0^\infty g(\tau)\Big[\int_0^\infty f(x)e^{-S(x+\tau)}\mathrm{d}x\Big]\mathrm{d}\tau$$

$$= \int_0^\infty f(x)e^{-x}\mathrm{d}x\int_0^\infty g(\tau)e^{-x}\mathrm{d}\tau = F(S)G(S)$$

即

$$L\Big[\int_0^t f(t-\tau)g(\tau)\mathrm{d}\tau\Big] = F(S)G(S)$$

同理可证

$$L\Big[\int_0^t f(\tau)g(t-\tau)\mathrm{d}\tau\Big] = F(S)G(S)$$

故

$$L\Big[\int_0^t f(t-\tau)g(\tau)\mathrm{d}\tau\Big] = L\Big[\int_0^t f(\tau)g(t-\tau)\mathrm{d}\tau\Big]$$

可见函数 $f(t)$ 和 $g(t)$ 的卷积,与它们的先后次序无关,亦即卷积具有对称性。

卷积定理是拉氏变换理论中的重要定理。它将时域中的卷积变换成复域中的乘积。利用卷积定理使我们能用线性系统的单位脉冲响应函数计算该系统对其他输入函数的响应。

四、拉氏反变换

在运用拉氏变换方法解决问题时,会碰到要将象函数 $F(S)$ 变换成原函数 $f(t)$ 的问题。这种变换称为拉氏反变换,并表示成:

$$L^{-1}[F(S)] = f(t) \tag{A-25}$$

式中,L^{-1} 是拉氏反变换算符。

在数学上,可以利用如下的积分运算来求拉氏反变换:

$$L^{-1}[F(S)] = \frac{1}{2\pi j}\int_{\sigma-j\infty}^{\sigma+j\infty} F(S)e^{St}\mathrm{d}S \tag{A-26}$$

式中,σ 是大于 $F(S)$ 任一极点实部的任意实数。但这是相当复杂的。简便的方法是运用拉氏变换表。如果要变换的函数 $F(S)$ 不能直接在拉氏变换表中找到,可将它展开成部分分式,使 $F(S)$ 成为若干分式函数之和,而每一项分式函数则是在拉氏变换表中能找到的 S 的简单函数。这些简单函数的原函数之和就是 $F(S)$ 的原函数。

在控制工程中,$F(S)$ 常表示成:

$$F(S) = \frac{B(S)}{A(S)}$$

式中,$A(S)$ 和 $B(S)$ 是 S 的多项式,并且 $B(S)$ 的阶次不高于 $A(S)$ 的阶次。

下面根据 $F(S)$ 极点的几种不同情况,介绍求拉氏反变换的部分分式展开法。

1. $F(S)$ 具有全部相异的实数极点时

这时可将 $F(S)$ 展开成如下形式:

$$F(S) = \frac{B(S)}{A(S)} = \frac{a_1}{S - P_1} + \frac{a_2}{S - P_2} + \cdots$$
$$+ \frac{a_{n-1}}{S - P_{n-1}} + \frac{a_n}{S - P_n} \tag{A-27}$$

式中,待定常数 $a_k(k = 1, 2, \cdots n)$ 称为 $S = P_k$ 极点处的留数。用 $(S - P_k)$ 乘方程 (A-27) 的两边,再令 $S = P_k$ 即可求得 a_k:

$$a_k = \left[\frac{B(S)}{A(S)}(S - P_K) \right]_{S = P_k} \tag{A-28}$$

利用拉氏变换表逐项查出其拉氏反变换后,可得

$$f(t) = L^{-1}[F(S)] = L^{-1}\left[\sum_{k=1}^{n} \frac{a_k}{S - P_k} \right]$$
$$= \sum_{k=1}^{n} a_k e^{P_k t} \tag{A-29}$$

因为 $f(t)$ 是实函数,若 P_1, P_2 是共轭复数,则留数 a_1 和 a_2 也是共轭复数。因此求出了 a_1 也就知道 a_2 了。后面将介绍另一种方法,求有复数极点的 $F(S)$ 的拉氏反变换。

2. $F(S)$ 具有多重实数极点时

设 $A(S) = 0$ 有 r 个实重根 P_r,其余为相异的实根,则 $F(S)$ 可写成:

$$F(S) = \frac{B(S)}{A(S)} = \frac{b_r}{(S - P_r)^r} + \frac{b_{r-1}}{(S - P_r)^{r-1}} + \cdots + \frac{b_{r-j}}{(S - P_r)^{r-j}} + \cdots$$
$$+ \frac{b_1}{(S - P_r)} + \frac{a_{r+1}}{(S - P_{r+1})} + \frac{a_{r+2}}{(S - P_{r+2})} + \cdots + \cdots$$
$$+ \frac{a_{n-1}}{(S - P_{n-1})} + \frac{a_n}{(S - P_n)} \tag{A-30}$$

式中待定常数 $b_r, b_{r-1}, \cdots b_1$ 分别求得如下:

$$b_r = \left[\frac{B(S)}{A(S)}(S-P_r)^r\right]_{S=P_r}$$

$$b_{r-1} = \left\{\frac{\mathrm{d}}{\mathrm{d}S}\left[\frac{B(S)}{A(S)}(S-P_r)^r\right]\right\}_{S=P_r}$$

......

$$b_{r-j} = \frac{1}{j!}\left\{\frac{\mathrm{d}^j}{\mathrm{d}S^j}\left[\frac{B(S)}{A(S)}(S-P_r)^r\right]\right\}_{S=P_r}$$

......

$$b_1 = \frac{1}{(r-1)!}\left\{\frac{\mathrm{d}^{(r-1)}}{\mathrm{d}S^{(r-1)}}\left[\frac{B(S)}{A(S)}(S-P_r)^r\right]\right\}_{S=P_r}$$

(A-31)

待定常数 a_{r+1}， a_{r+2}， $\cdots a_{n-1}$， a_n 的求法与第一种情况相同即

$$a_k = \left[\frac{B(S)}{A(S)}(S-P_k)\right]_{S=P_k}$$

这里 $k=r+1, r+2, \cdots n$。

利用拉氏变换表，最后求得：

$$f(t) = L^{-1}[F(S)]$$

$$= \left[\frac{b_r}{(r-1)!}t^{r-1} + \frac{b_{r-1}}{(r-2)!}t^{r-2} + \cdots r_2 t + r_1\right]e^{P_r t} + \sum_{k=r+1}^{n} a_k e^{P_k t}$$

(A-32)

3. $F(S)$ 具有共轭复数极点时

设 P_1, P_2 是 $A(S)=0$ 的一对共轭复根，则 $F(S)$ 可表示成：

$$F(S) = \frac{B(S)}{A(S)} = \frac{a_1 S + a_2}{(S-P_1)(S-P_2)} + \frac{a_3}{S-P_3} + \cdots \frac{a_n}{S-P_n}$$

(A-33)

待定常数 a_1 和 a_2 可通过用 $(S-P_1)(S-P_2)$ 乘式(A-33)的两边，并令 $S=P_1$ 而求得：

$$(a_1 S + a_2)_{S=P_1} = \left[\frac{B(S)}{A(S)}(S-P_1)(S-P_2)\right]_{S=P_1}$$

(A-34)

因为 P_1 是复数，故式(A-34)的两边也必定是复数。这样就可利用分别令式(A-34)两边实数部分相等和虚数部分相等所得的两个方程求出 a_1 和 a_2 值，$a_3, a_4 \cdots a_n$ 可用式(A-28)求得。确定所有待定常数后，就可利用拉氏变换表，求出 $F(S)$ 的拉氏反变换。

五、拉氏变换表

序　号	象函数 $F(S)$	原函数 $f(t)$　　$t \geqslant 0$
1	1	单位脉冲　$\delta(t)$　（在 $t=0$ 时）
2	$\dfrac{1}{S}$	单位阶跃　$1(t)$ 或 $u(t)$　（在 $t=0$ 时开始的）
3	$\dfrac{K}{S}$	$k(t)$
4	$\dfrac{1}{S^n}$	$\dfrac{1}{(n-1)!}t^{n-1}$（n 为正整数）
5	$\dfrac{1}{S}e^{-aS}$	$u(t-a)$　（在 $t=a$ 开始的单位阶跃）
6	$\dfrac{1}{S-a}$	e^{at}
7	$\dfrac{1}{S+a}$	e^{-at}
8	$\dfrac{1}{(S+a)^n}$	$\dfrac{1}{(n-1)!}t^{n-1}e^{-at}$
9	$\dfrac{\omega}{S^2+\omega^2}$	$\sin\omega t$
10	$\dfrac{S}{S^2+\omega^2}$	$\cos\omega t$
11	$\dfrac{1}{S(S+a)}$	$\dfrac{1}{a}(1-e^{-at})$
12	$\dfrac{S+a_0}{S(S+a)}$	$\dfrac{1}{a}[a_0-(a_0-a)e^{-at}]$
13	$\dfrac{1}{S^2(S+a)}$	$\dfrac{1}{a^2}(at-1+e^{-at})$
14	$\dfrac{S+a_0}{S^2(S+a)}$	$\dfrac{a_0 t}{a}+(\dfrac{a_0}{a^2}-t)(e^{-at}-1)$
15	$\dfrac{S^2+a_1 S+a_0}{S^2(S+a)}$	$\dfrac{1}{a^2}[a_0 at+a_1 a-a_0+(a_0-a_1 a+a^2)]e^{-at}$
16	$\dfrac{\omega}{(S+a)^2+\omega^2}$	$e^{-at}\sin\omega t$
17	$\dfrac{S+a}{(S+a)^2+\omega^2}$	$e^{-at}\cos\omega t$

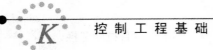
续表

序　号	象函数 $F(S)$	原函数 $f(t)$　　　$t \geqslant 0$
18	$\dfrac{1}{(S+a)^2+\omega^2}$	$\dfrac{1}{\omega}e^{-at}\sin\omega t$
19	$\dfrac{S+b}{(S+a)^2+\omega^2}$	$\dfrac{\sqrt{(b-a)^2+\omega^2}}{\omega}e^{-at}\sin(\omega t+\varphi),\varphi=\mathrm{tg}^{-1}\dfrac{\omega}{b-a}$
20	$\dfrac{S+a}{S^2+\omega^2}$	$\dfrac{\sqrt{a^2+\omega^2}}{\omega}\sin(\omega t+\varphi),\varphi=\mathrm{tg}^{-1}\dfrac{\omega}{a}$
21	$\dfrac{S\sin\theta+\omega\cos\theta}{S^2+\omega^2}$	$\sin(\omega t+\theta)$
22	$\dfrac{1}{S(S^2+\omega^2)}$	$\dfrac{1}{\omega^2}(1-\cos\omega t)$
23	$\dfrac{S+a}{S(S^2+\omega^2)}$	$\dfrac{a}{\omega^2}-\dfrac{\sqrt{a^2+\omega^2}}{\omega}\cos(\omega t+\varphi),\varphi=\mathrm{tg}^{-1}\dfrac{\omega}{a}$
24	$\dfrac{1}{(S+a)(S+b)}$	$\dfrac{1}{b-a}(e^{-at}-c^{-bt})$
25	$\dfrac{S}{(S+a)(S+b)}$	$\dfrac{1}{b-a}(be^{-at}-ae^{-at})$
26	$\dfrac{1}{S(S+a)(S+b)}$	$\dfrac{1}{ab}\left[1+\dfrac{1}{b-a}(be^{-at}-ae^{-bt})\right]$
27	$\dfrac{S+a_0}{S(S+a)(S+b)}$	$\dfrac{1}{ab}\left[a_0-\dfrac{b(a_0-a)}{b-a}e^{-at}+\dfrac{a(a_0-b)}{b-a}e^{-bt}\right]$
28	$\dfrac{S+a_0}{S(S+a)(S+b)}$	$\dfrac{1}{b-a}\left[(a_0-a)e^{-at}-(a_0-b)e^{-bt}\right]$
29	$\dfrac{S^2+a_1S+a_0}{S(S+a)(S+b)}$	$\dfrac{a_0}{ab}+\dfrac{a^2-aa_1+a_0}{a(a-b)}e^{-at}-\dfrac{b^2-a_1b+a_0}{b(a-b)}e^{-bt}$
30	$\dfrac{1}{S^2(S+a)(S+b)}$	$\dfrac{1}{a^2b^2}\left[abt-a-b+\dfrac{1}{a-b}(a^2e^{-bt}-b^2e^{-at})\right]$
31	$\dfrac{S+a_0}{S^2(S+a)(S+b)}$	$\dfrac{1}{ab}(1+a_0t)-\dfrac{a_0(a+b)}{a^2b^2}+\dfrac{1}{a-b}\left[(\dfrac{a_0-b}{b^2})e^{-bt}-(\dfrac{a_0-a}{a^2})e^{-at}\right]$
32	$\dfrac{S^2+a_1S+a_0}{S^2(S+a)(S+b)}$	$\dfrac{1}{ab}(a_1+a_0t)-\dfrac{a_0(a+b)}{a^2b^2}-\dfrac{1}{a-b}\left[(1-\dfrac{a_1}{a}+\dfrac{a_0}{a^2})e^{-at}-(1-\dfrac{a_1}{b}+\dfrac{a_0}{b^2})e^{-bt}\right]$
33	$\dfrac{1}{(S+a)(S+b)(S+c)}$	$\dfrac{e^{-at}}{(b-a)(c-a)}+\dfrac{e^{-bt}}{(a-b)(c-b)}+\dfrac{e^{-ct}}{(a-c)(b-c)}$

续表

序　号	象函数 $F(S)$	原函数 $f(t)$ 　　$t \geqslant 0$
34	$\dfrac{S+a_0}{(S+a)(S+b)(S+c)}$	$\dfrac{(a_0-a)e^{-at}}{(b-a)(c-a)} + \dfrac{(a_0-b)e^{-bt}}{(c-b)(a-b)}$ $+ \dfrac{(a_0-c)e^{-bt}}{(a-c)(b-c)}$
35	$\dfrac{1}{S(S+a)(S+b)(S+c)}$	$\dfrac{1}{abc} - \dfrac{e^{-at}}{a(b-a)(c-a)} - \dfrac{e^{-bt}}{b(a-b)(c-b)}$ $- \dfrac{e^{-ct}}{c(a-c)(b-c)}$
36	$\dfrac{S+a_0}{S(S+a)(S+b)(S+c)}$	$\dfrac{a_0}{abc} - \dfrac{(a_0-a)e^{-at}}{a(b-a)(c-a)} - \dfrac{(a_0-b)e^{-bt}}{b(a-c)(c-b)}$ $- \dfrac{(a_0-c)e^{-ct}}{c(a-c)(b-c)}$
37	$\dfrac{1}{(S+a)(S^2+\omega^2)}$	$\dfrac{e^{-at}}{a^2+\omega^2} + \dfrac{1}{\omega\sqrt{a^2+\omega^2}}\sin(\omega t - \varphi),\varphi = \mathrm{tg}^{-1}\dfrac{\omega}{a}$
38	$\dfrac{1}{S[S(S+a)^2+b^2]}$	$\dfrac{1}{a^2+b^2} + \dfrac{1}{b\sqrt{a^2+b^2}}e^{-at}\sin(bt-\varphi),\varphi =$ $\mathrm{tg}^{-1}\dfrac{b}{-a}$
39	$\dfrac{S+a_0}{S[(S+a)^2+b^2]}$	$\dfrac{a_0}{a^2+b^2} + \dfrac{1}{b}\sqrt{\dfrac{(a_0-a)^2+b^2}{a^2+b^2}}\,e^{-at}\sin(bt+\varphi)$ $\varphi = \mathrm{tg}^{-1}\dfrac{b}{a_0-a} - \mathrm{tg}^{-1}\dfrac{b}{-a}$
40	$\dfrac{1}{(S+c)[(S+a)^2+b^2]}$	$\dfrac{e^{-ct}}{(c-a)^2+b^2} + \dfrac{e^{-at}\sin(bt-\varphi)}{b\sqrt{(c-a)^2+b^2}},\varphi =$ $\mathrm{tg}^{-1}\dfrac{b}{c-a}$
41	$\dfrac{1}{S^2+2\zeta\omega_n S+\omega_n^2}$	$\dfrac{1}{\omega_n\sqrt{1-\zeta^2}}e^{-\zeta\omega_n t}\sin\omega_n\sqrt{1-\zeta^2}\,t \quad (0<\zeta<1)$
42	$\dfrac{S}{S^2+2\zeta\omega_n S+\omega_n^2}$	$\dfrac{-1}{\sqrt{1-\zeta^2}}e^{-\zeta\omega_n t}\sin(\omega_n\sqrt{1-\zeta^2}\,t-\varphi)$ $\varphi = \mathrm{tg}^{-1}\dfrac{\sqrt{1-\zeta^2}}{\zeta} \quad (0<\zeta<1)$
43	$\dfrac{\omega_n^2}{S^2+2\zeta\omega_n S+\omega_n^2}$	$\dfrac{\omega_n}{\sqrt{1-\zeta^2}}e^{-\zeta\omega_n t}\sin\omega_n\sqrt{1-\zeta^2}\,t \quad (0<\zeta<1)$

续表

序 号	象函数 $F(S)$	原函数 $f(t)$ $\qquad t \geqslant 0$
44	$\dfrac{\omega_n^2}{S(S^2 + 2\zeta\omega_n S + \omega_n^2)}$	$1 - \dfrac{1}{\sqrt{1-\zeta^2}} e^{-\zeta\omega_n t} \sin(\omega_n \sqrt{1-\zeta^2}\, t + \varphi)$ $\varphi = \mathrm{tg}^{-1} \dfrac{\sqrt{1-\zeta^2}}{\zeta}$ $\qquad (0 < \zeta < 1)$
45	$\dfrac{1}{S(S+c)[(S+a)^2 + b^2]}$	$\dfrac{1}{c(a^2+b^2)} - \dfrac{e^{-ct}}{c[(c-a)^2+b^2]}$ $+ \dfrac{e^{-at}\sin(bt-\varphi)}{b\sqrt{a^2+b^2}\sqrt{(c-a)^2+b^2}}$ $\varphi = \mathrm{tg}^{-1} \dfrac{b}{-a} + \mathrm{tg}^{-1} \dfrac{b}{c-a}$
46	$\dfrac{S+a_0}{S(S+c)[(S+a)^2 + b^2]}$	$\dfrac{a_0}{c(a^2+b^2)} - \dfrac{(c-a_0)e^{-ct}}{c[(c-a)^2+b^2]}$ $+ \dfrac{\sqrt{(a_0-a)^2+b^2}}{b\sqrt{a^2+b^2}\sqrt{(c-a)^2+b^2}} e^{-at}\sin(bt-\varphi)$ $\varphi = \mathrm{tg}^{-1} \dfrac{b}{a_0-a} - \mathrm{tg}^{-1} \dfrac{b}{-a} - \mathrm{tg}^{-1} \dfrac{b}{c-a}$
47	$\dfrac{S^2 + a_1 S + a_0}{S[(S+a)^2 + b^2]}$	$\dfrac{a_0}{c^2} + \dfrac{1}{bc}[(a^2 - b^2 - a_1 a + a_0)^2 + b^2(a_1 - 2a)^2]^{1/2} \times e^{-at}\sin(bt+\varphi)$ $\varphi = \mathrm{tg}^{-1} \dfrac{b(a_1-2a)}{a^2-b^2-a_1 a + a_0} - \mathrm{tg}^{-1}\dfrac{b}{-a}$ $c = a^2 + b^2$
48	$\dfrac{\omega_n^2}{(1 + T_S)(S^2 + \omega_n^2)}$	$\dfrac{T\omega_n}{1+T^2\omega_n^2} e^{-\frac{1}{T}} + \dfrac{1}{\sqrt{1+T^2\omega_n^2}} \sin(\omega_n t - \varphi)$ $\varphi = \mathrm{tg}^{-1}\omega_n T$
49	$\dfrac{\omega_n^2}{(1 + TS)(S^2 + 2\zeta\omega_n S + \omega_n^2)}$	$\dfrac{T\omega_n^2 e^{-t/T}}{1 - 2\zeta\omega_n T + T^2\omega_n^2}$ $+ \dfrac{\omega_n e^{-\zeta\omega_n t}\sin(\omega_n\sqrt{1-\zeta^2}\,t - \varphi)}{\sqrt{(1-\zeta^2)(1-2\zeta T\omega_n - T^2\omega_n^2)}}$ $\varphi = \mathrm{tg}^{-1} \dfrac{T\omega_n\sqrt{1-\zeta^2}}{1 - T\zeta\omega_n^2}$ $\quad (0 < \zeta < 1)$
50	$\dfrac{1}{S^2[(S+a)^2 + \omega^2]}$	$\left[t - \dfrac{2a}{a^2+\omega^2} + \dfrac{1}{\omega}e^{-at}\sin(\omega t + \theta)\right]\dfrac{1}{a^2+\omega^2}$ $\theta = 2\mathrm{tg}^{-1}\left(\dfrac{\omega}{a}\right)$

主要参考书目

1. Richard C. Dorf. Modern Control System. AddisonWesley Publishing Company. 1980.

2. 周其节等.自动控制原理(上).北京:电子工业出版社,1985

3. 杨叔子、杨克冲.机械工程控制基础.武汉:华中工学院出版社,1984

4. 郑钧著,毛培法译.线性系统分析.北京:科学出版社,1978

5. Katsuhiko Ogata. Modern Control engineering. PrenticeHall，Inc.. 1970

6. 王显正,范崇.控制理论基础.北京:国防工业出版社,1980

7. 沈裕康等.自动控制基础.西北电讯工程学院出版社,1980

8. 雷继亮.控制工程基础.重庆:重庆大学出版社,1986

9. 黄午阳等.自动控制理论.上海:上海科学技术文献出版社,1986

10. 孙虎章.自动控制原理.北京:中央广播电视大学出版社,1984

11. Melsa and Schultz. Linear Control Systems. McGrawHill Book Company. 1969

12. J. Schwarzenbach and K. F. Gill. System Modeling and Control. Edward Arnold (publishers) Ltd. 1978

13. 李友善.自动控制原理(上册).北京:国防工业出版社,1980

14. 阳含和.机械控制工程.北京:机械工业出版社,1986

15. 张伯鹏.控制工程基础.北京:机械工业出版社,1982

16. 刘豹.自动调节理论基础.上海:上海科学技术出版社,1964

17. I. J. 纳格拉思、M. 戈帕尔著,刘绍球等译. 控制系统工程. 北京:电子工业出版社,1985